偏光顕微鏡像

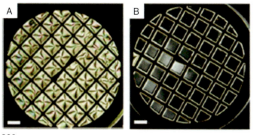

300 μm

口絵1　ワイヤグリッドに支持されたネマチック液晶膜
水との接触によりプラナー配向が誘起され，水中に界面活性剤が存在するとホメオトロピック配向が誘起される．偏光顕微鏡像．A：界面活性剤なし，B：界面活性剤あり．N. A. Lockwood, J. K. Gupta, N. L. Abbott, *Surf. Sci. Rep.*, **63**, 255 (2008) より．図2.5参照．

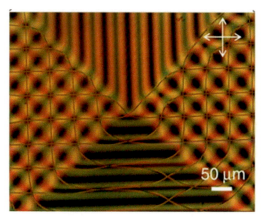

口絵2　光配向膜を用いたディスクリネーション制御
上下の基板に異なる光配向にてパターン化を行い，ディスクリネーション線を自在に制御している．M. Wang, Y. Li, H. Yokoyama, *Nat. Commun.*, **8**, 388 (2017) より．図2.8参照．

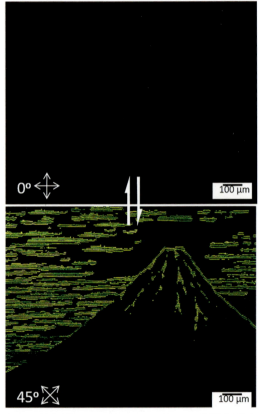

口絵3　自由界面（空気側）からの光コマンド層による側鎖型液晶高分子膜の配向制御．インクジェット印刷の例

K. Fukuhara, S. Nagano, M. Hara, T. Seki, *Nat. Commun.*, **5**, 3320 (2014) より．図 2.11 参照．

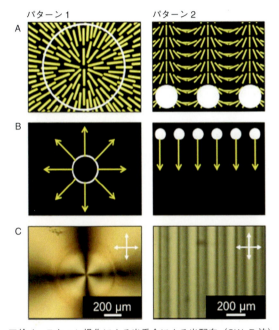

口絵 4 スキャン操作による光重合による光配向(SWaP 法)
K. Hisano, M. Aizawa, M. Ishizu, Y. Kurata, W. Nakano, N. Akamatsu, C. J. Barrett, A. Shishido, *Sci. Adv.*, **3**, e 1701610 (2017) より. SWaP による配向パターンの例. A:液晶分子の配向模式図, B:光のスキャン方法, C:偏光顕微鏡像. 図 3.16 参照.

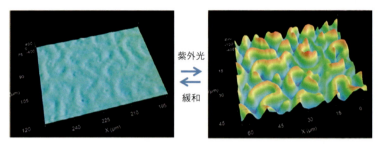

口絵5 アゾベンゼンを導入した高分子コレステリック液晶薄膜で観測される光照射による可逆的なレリーフ構造の出現

D. Liu, D. J. Broer, *Angew. Chem. Int. Ed.*, **53**, 4542（2014）より．図 4.7 参照．

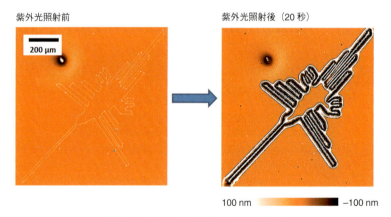

口絵6 マランゴニ効果による光あぶり出し

側鎖型アゾベンゼン液晶薄膜へインクジェット描画（左）と紫外光を照射後（右）の形成（白色干渉顕微鏡像）．I. Kitamura, K. Oishi, M. Hara, S. Nagano, T. Seki, *Sci. Rep.*, **9**, 2556（2019）より．図 4.9 参照．

化学の要点
シリーズ
33

分子配向制御

日本化学会 [編]
関 隆広 [著]

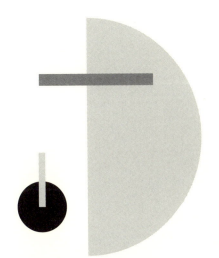

共立出版

『化学の要点シリーズ』編集委員会

編集委員長　　　井上晴夫　　首都大学東京 特別先導教授
　　　　　　　　　　　　　　東京都立大学名誉教授

編集委員　　　　池田富樹　　中央大学 研究開発機構　教授
（50音順）　　　　　　　　　　中国科学院理化技術研究所　教授

　　　　　　　　伊藤　攻　　東北大学名誉教授

　　　　　　　　岩澤康裕　　電気通信大学 燃料電池イノベーション
　　　　　　　　　　　　　　研究センター長・特任教授
　　　　　　　　　　　　　　東京大学名誉教授

　　　　　　　　上村大輔　　神奈川大学特別招聘教授
　　　　　　　　　　　　　　名古屋大学名誉教授

　　　　　　　　佐々木政子　東海大学名誉教授

　　　　　　　　高木克彦　　有機系太陽電池技術研究組合（RATO）理事
　　　　　　　　　　　　　　名古屋大学名誉教授

　　　　　　　　西原　寛　　東京大学理学系研究科　教授

本書担当編集委員　池田富樹　　中央大学 研究開発機構　教授
　　　　　　　　　　　　　　　中国科学院理化技術研究所　教授

『化学の要点シリーズ』
発刊に際して

　現在，我が国の大学教育は大きな節目を迎えている．近年の少子化傾向，大学進学率の上昇と連動して，各大学で学生の学力スペクトルが以前に比較して，大きく拡大していることが実感されている．これまでの「化学を専門とする学部学生」を対象にした大学教育の実態も大きく変貌しつつある．自主的な勉学を前提とし「背中を見せる」教育のみに依拠する時代は終焉しつつある．一方で，インターネット等の情報検索手段の普及により，比較的安易に学修すべき内容の一部を入手することが可能でありながらも，その実態は断片的，表層的な理解にとどまってしまい，本人の資質を十分に開花させるきっかけにはなりにくい事例が多くみられる．このような状況で，「適切な教科書」，適切な内容と適切な分量の「読み通せる教科書」が実は渇望されている．学修の志を立て，学問体系のひとつひとつを反芻しながら咀嚼し学術の基礎体力を形成する過程で，教科書の果たす役割はきわめて大きい．

　例えば，それまでは部分的に理解が困難であった概念なども適切な教科書に出会うことによって，目から鱗が落ちるがごとく，急速に全体像を把握することが可能になることが多い．化学教科の中にあるそのような，多くの「要点」を発見，理解することを目的とするのが，本シリーズである．大学教育の現状を踏まえて，「化学を将来専門とする学部学生」を対象に学部教育と大学院教育の連結を踏まえ，徹底的な基礎概念の修得を目指した新しい『化学の要点シリーズ』を刊行する．なお，ここで言う「要点」とは，化学の中で最も重要な概念を指すというよりも，上述のような学修する際の「要点」を意味している．

本シリーズの特徴を下記に示す.

1）科目ごとに，修得のポイントとなる重要な項目・概念などを
わかりやすく記述する.

2）「要点」を網羅するのではなく，理解に焦点を当てた記述を
する.

3）「内容は高く」，「表現はできるだけやさしく」をモットーと
する.

4）高校で必ずしも数式の取り扱いが得意ではなかった学生に
も，基本概念の修得が可能となるよう，数式をできるだけ使
用せずに解説する.

5）理解を補う「専門用語，具体例，関連する最先端の研究事
例」などをコラムで解説し，第一線の研究者群が執筆にあた
る.

6）視覚的に理解しやすい図，イラストなどをなるべく多く挿入
する.

本シリーズが，読者にとって有意義な教科書となることを期待して
いる.

『化学の要点シリーズ』編集委員会

井上晴夫（委員長）

池田富樹　伊藤　攻　岩澤康裕　上村大輔

佐々木政子　高木克彦　西原　寛

はじめに

　ほとんどの分子や高分子物質の形状や特性には異方性があり，その向きを分子配向という．有機化学や物理化学，触媒分野では1分子内や2分子間を対象として配向の言葉を使うことが多いが，本書では材料とその機能発現に着目して，多数の分子や高分子の集合体からなる集団での分子配向を扱う．繊維中では高分子が強く配向していることで大きな引張強度が得られる．液晶ディスプレイでは液晶分子の配向を電場でスイッチさせて動画表示を実現している．有機半導体では分子配向が導電特性を支配している．性能が飛躍的に向上しているコンピュータの熱放出の向上が重要な技術課題であるが，熱伝導特性もやはり分子配向が支配している．

　このように分子配向は材料分野では極めて重要な概念である．意外に思われるかもしれないが，「配向」という言葉は日常の日本語には浸透していない．20年以上前に当時九州大学の梶山千里教授の学会誌の素描（『高分子』，**45**（12），833（1996））にこのことが触れられていた．元号が令和と変わった今，すでに日本語の市民権を得ているだろうと調べてみると，2019年時点でも広辞苑をはじめ，ほとんどの国語辞書にはやはり「配向」の言葉はなかった．「配向」は日本語では専門用語にとどまっており，このなんとなく残念な思いは，普段分子配向のことばかり気にしている材料化学系の人間の特質かもしれない．

　一方，配向に対応する英語はorientationである．これは文字通りorient（東方）からきており，教会を建てる際に祭壇を東側に（入口は西側に）向けることからきている．救い主が現われるとされる太陽の昇る方向へ祈りを捧げるためとのことである．新しく学

校や組織へ加わった人々へのオリエンテーションは，光は東方から→東側へ向ける→正しい方向へ向ける，という意味があるらしい．このようにヨーロッパでは orientation は生活や文化に深く根付いた言葉である．はからずも本書では光を使って分子を配向させる研究を多く紹介する．

本書では，分子配向と各種特性や機能とのかかわりをコンパクトにまとめることを試みた．液晶や高分子材料の機能につながる特性として重要な，光配向特性，光学特性，新たに生まれた分野である光駆動特性，有機半導体特性，発光特性，熱伝導特性，強誘電性特性を取り上げる．分子や高分子物質，特に高分子物質のほとんどが鎖状であり，顕著な形状異方性があるため，これらの特性・機能を最大限に発揮するには配向手法の開発が鍵となる．無機材料や金属材料とは異なり，制御の主役はファンデルワールス力などの弱い相互作用であり，配向させる対象物，機能，操作法は多様である．一方で，力学的特性，磁気特性，非線形光学特性，イオン伝導特性，膜分離特性，表面・触媒機能など，分子や高分子鎖の配向が重要な研究領域は数多く思いつくが，紙面の都合でこれらは割愛した．

本書では液晶物質やフォトクロミック分子を多く扱うので，本シリーズ 19 巻『液晶』（竹添・宮地 著，2017）と同 30 巻『フォトクロミズム』（阿部・武藤・小林 著，2019）を併せて参照いただくと理解しやすい．また，筆者が直接携わっている液晶や光配向と関連分野の章が膨らんでいるが，全体を通じると，本書はほかの書籍には見られない特徴ある一冊に仕上がった．学生，大学院生，若い研究者の方々が化学・材料研究で分子配向に触れるうえで，本書がそのオリエンテーションの一助となれば幸いである．読者の皆さんには幅広く正確な知識が得られるように，引用文献はやや多めに挙げた．専門外の領域にも触れたので，浅学の筆者の思い違いや重

要事項の欠落も多いと思う．ご指摘をいただけたら幸いである．

　今回，『分子配向制御』の執筆のお話をいただき，その重要性を改めて認識し，自身の視野を広げることができたことは大変幸いであった．出版をお声がけいただいた池田富樹先生をはじめ，日本化学会の化学の要点シリーズ編集委員会の先生方，共立出版の方々に感謝したい．専門外の記述では信川省吾先生（名古屋工業大学，光学特性），渡邉峻一郎先生（東京大学，有機半導体）に文献情報をいただいた．最後に，筆者を当研究分野へ導いてくださった市村國宏東京工業大学名誉教授，そして名古屋大学の研究室のスタッフ（永野修作准教授，竹岡敬和准教授，原光生助教）と学生をはじめ，多くの方々のご支援があって執筆を進めることができた．改めて感謝を申し上げたい．

2019 年 9 月

関　隆広

目　　次

第1章　分子薄膜の作製法 ……………………………………… **1**

1.1　真空蒸着（乾式） ……………………………………… 1

1.2　ラングミュア‐ブロジェット膜（湿式） ……………… 3

1.3　自己組織化単分子膜（湿式） ………………………… 6

1.4　液晶膜 …………………………………………………… 8

1.5　スピンキャスト（スピンコート）法（湿式） ………… 9

第2章　液晶の表面配向特性―光配向を中心に― ………… **11**

2.1　基板表面での液晶分子配向誘起 ……………………… 11

2.2　コマンドサーフェス …………………………………… 13

2.3　表面分子膜の設計と液晶配向 ………………………… 14

2.4　水との界面で誘起される液晶配向 …………………… 18

2.5　ワイゲルト効果 ………………………………………… 20

2.6　ワイゲルト効果と分子配向誘起 ……………………… 20

2.7　光配向テクノロジー …………………………………… 23

2.8　アゾ色素配向膜 ………………………………………… 25

2.9　自由界面からの配向 …………………………………… 27

第3章　液晶の光配向―多様な展開― ………………………… **39**

3.1　液晶物質の拡張 ………………………………………… 39

　3.1.1　ほかのサーモトロピック液晶系 ………………… 39

x　目　次

   3.1.2　リオトロピック液晶系　………………………………　39

3.2　メソ組織体材料　………………………………………………　41

3.3　ワイゲルト効果—さらなる展開—　………………………　44

   3.3.1　三重項増感　…………………………………………　44

   3.3.2　キラリティー誘起　…………………………………　45

3.4　ブロック共重合体の配向制御　………………………………　48

3.5　表面グラフト鎖　………………………………………………　52

3.6　光異性化を介さない液晶配向変化　…………………………　54

   3.6.1　光フレデリクス転移　………………………………　54

   3.6.2　分子振動励起による配向　…………………………　57

   3.6.3　光重合を利用した分子配向　………………………　58

第4章　光駆動特性　………………………………………………　**63**

4.1　単分子膜の運動　………………………………………………　63

4.2　液滴の運動　……………………………………………………　65

4.3　高分子薄膜の運動　……………………………………………　66

   4.3.1　光物質移動　…………………………………………　66

   4.3.2　分子拡散　……………………………………………　69

   4.3.3　分子配向と光レリーフ形成　………………………　69

   4.3.4　光誘起マランゴニ流　………………………………　70

4.4　高分子フィルムの光運動　……………………………………　72

第5章　光学特性　…………………………………………………　**79**

5.1　高分子膜の複屈折　……………………………………………　79

5.2　光学補償フィルム　……………………………………………　82

5.3　ゼロ複屈折　……………………………………………………　84

5.4	偏光フィルム	…………………………………………	85
	5.4.1 吸収型偏光フィルム	…………………………	86
	5.4.2 複屈折散乱型フィルム	………………………	89

第6章　半導体特性 ……………………………………… **95**

6.1	低分子物質の集合体	…………………………………	96
	6.1.1 液晶分子の電気伝導性	………………………	96
	6.1.2 分子結晶の電気伝導性	………………………	98
6.2	アモルファス分子の発光特性	………………………	100
6.3	高分子半導体	…………………………………………	104

第7章　熱伝導特性 ……………………………………… **111**

7.1	各種材料の熱伝導率	…………………………………	111
7.2	配向性結晶高分子	……………………………………	113
7.3	棒状液晶高分子	………………………………………	114
7.4	円盤状分子集合体	……………………………………	118
7.5	ハイブリッド材料	……………………………………	120
7.6	生体試料	………………………………………………	121

第8章　強誘電特性 ……………………………………… **123**

8.1	ポリフッ化ビニリデン	………………………………	123
8.2	フッ化ビニリデンオリゴマー	………………………	126
8.3	新たな機能	……………………………………………	127

索　引 ……………………………………………………… **131**

コラム目次

1. LB 膜と LED 照明 ……………………………………………………… 4
2. 1920 年代：高分子と液晶 ……………………………………… 21
3. 表面への偏析は厄介者？ ……………………………………… 34
4. アゾベンゼン ………………………………………………………… 56
5. 鉄腕アトムと人工筋肉 …………………………………………… 76
6. ヨウ素ドープ偏光シート ………………………………………… 90

第 1 章

分子薄膜の作製法

本書全体で触れられる共通の背景となる代表的な分子薄膜の作製法について，その手法と特性などを本章で簡単に触れておく．材料中に分子あるいは高分子を配向させるためには外場（流動場，電場，磁場など）あるいは傾斜場（温度差，濃度差など）を利用する．しかし，ある物質と別の物質が接する界面では，必ずといってよいほど自ら界面にて分子配向が誘起される．その分子配向が自己集合的に長距離に及ぶ液晶物質は，間違いなく興味深い研究・技術対象といってよい．

1.1 真空蒸着（乾式）

真空蒸着（乾式）の手法は古くは 1857 年にファラデー（Michael Feraday）が基本原理を提唱したといわれる．1930 年代に油拡散式真空ポンプが実用化され，この手法が広く研究現場や産業界へ浸透した．

分子をルツボに入れておき，減圧して所定の温度で昇華・蒸発した分子を噴出口から指向性よく飛び出させる．その前方へ基板を置くことによって，任意の薄膜を得ることができる．基板に到達した分子は，基板表面と相互作用しながら吸着・脱着を繰り返し，安定な位置まで拡散する（図 1.1）．表面拡散する分子は，分子線の強

第1章 分子薄膜の作製法

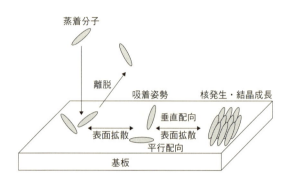

図1.1 蒸着時における基板表面での分子の振る舞い
[1] 八瀬清志, 第1章, pp.1-15, 内藤裕義, 久保野敦史, 舟橋正浩, 吉本尚起 (監修), 『有機エレクトロニクスにおける分子配向技術』, シーエムシー出版 (2007) より.

度, 基板の種類, 温度に依存して一定時間基板表面に存在する. その間に安定な吸着位置に到達した分子は基板に固定され, ほかからやってきた分子と会合して凝集を始める. 凝集した分子は, 数個から数百個集まった際に安定核となる. 臨界核に到達した分子集合体は安定に固定され, さらに表面拡散してきた分子を取り込んで結晶成長を起こす [1]. その結晶成長の方向は基板が結晶性である場合, その結晶方位と関わることが多い. 金属や半導体などの無機物では基板の結晶格子と 1% 以上の違いがあるとエピタキシーは困難とされているが, 有機分子に関しては比較的条件がゆるく, 基板結晶の格子間隔が大きくずれていても, 基板の影響を受けた配向結晶が生成される [1]. 棒状分子では, 基板に対して垂直に配向し, 第6章で触れるアモルファス性の発光分子は水平に配向する傾向がある.

1.2 ラングミュア‐ブロジェット膜（湿式）

　1917 年にラングミュア（Irving Langmuir）は高級脂肪酸などの長鎖を有する両親媒性化合物を水面上で展開した際に形成する膜の面積と表面圧を詳細に報告し，長鎖両親媒性化合物は水と空気の界面で単分子膜を形成することを示した [2]．ここでいう「展開」とは対象とする化合物を有機溶媒に溶解し，丁寧に水面上にシリンジで滴下して，有機溶媒が蒸発するのを待つ操作を指す．その後，水面単分子膜の面積を少しずつ減少（圧縮）させることで，面積と表面圧の関係を得ることができる．3 次元であれば体積と圧力の関係に相当する．1934 年にブロジェット（Katharine Blodgett）は，水面へ展開した高級脂肪酸などの両親媒性物質の単分子膜を基板上に転写・累積した分子膜の作製法と累積膜の特性を報告した [3,4]．図 1.2(a) のように水面に対して基板を垂直に横切るように累積する手法をラングミュア‐ブロジェット法（Langmuir–Blodgett（LB）法）（作製した膜を LB 膜という，コラム 1 参照），図 1.2(b) のようにスタンプのように基板を垂直に水面膜と接触させて転写・累積する方法をラングミュア‐シェッファー法（Langmuir–Schäffer（LS）法）（同 LS 膜）と呼ぶ．水面の分子膜の面積と表面圧の関係を評価するラングミュア膜天秤から分子の占める面積や膜の流動性などの情報が，ごく簡単な原理の装置によって得られる．ナノメートルレベルの分子を一層ずつ丁寧に累積することができるので，ナノテクノロジー技術の先駆けといってもよい．基本的には水面上に形成された分子膜の配向を保ったまま，基板上に累積され高配向膜が形成される．

　低分子化合物の分子薄膜の調製については，気相からの蒸着が主流であり，生産性に劣る LB 膜プロセスは現在ではほとんど行われていない．しかし，加熱ができない生体物質や蒸気圧をもたない高

4　第1章　分子薄膜の作製法

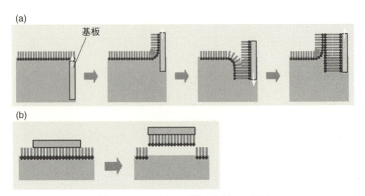

図1.2　ラングミュア膜の基板への転写
(a)ラングミュア–ブロジェット(LB)膜と(b)ラングミュア–シェッファー(LS)膜.

コラム1

LB膜とLED照明

　ラングミュアの弟子のブロジェットはその単分子膜のある水面を横切って上下させることで単分子膜を逐次累積する手法を考案し，これが現在の分子膜研究の先駆けとなった．ブロジェットはこの研究により，女性研究者としてケンブリッジ大学で初めての博士号を取得した．1979年の彼女の死後，*Thin Solid Films*誌は"Langmuir–Blodgett Films"と題した追悼特集号を出し[1]，LB膜の国際会議が1982年に英国で開催された（現在でもこの会議は分子組織化膜国際会議と名を変えて継続されている）．LB膜の呼び名が広く普及したのは彼女の没後であり，彼女自身はLB膜という名称は耳にしていなかったかもしれない．

　ラングミュアに目を転じてみよう．彼はエジソンが設立したゼネラルエレクトリック（GE）社の企業研究者として活躍し，白熱電球に希ガス（アルゴンなど）を封入することで，白熱電球の寿命が劇的に向上することを発見した．希ガス原子が金属表面に単原子的に吸着されて金属表面が安定化されることが

分子物質，無機微粒子，粘土化合物の配向・配列膜を作製する上で
LB 法は現在でも欠かせない優れた分子組織化手法である．高分子
物質の LB 膜は，極めて容易に再現よく作製でき，高分子の主鎖が
剛直であれば面内の分子配向を水面上の圧縮によって誘起できる．
完全に疎水的な高分子物質であっても，水面に展開する際にたとえ
ば極性液晶物質と混合することで，極性部位と疎水部位の機能を
各々が受け持って，きれいな疎水性高分子の単分子膜を作製するこ
ともできる [5,6]．通常有機半導体で注目を集める高分子は極性
基をもたないので，有機半導体高分子を単分子膜レベルで特性を評
価する際にはこの手法が有効である．

原因であり，この研究に基づき有名なラングミュア吸着等温式が導き出された
[2]．同時期に固体表面への単原子吸着から，高級脂肪酸の水面単分子吸着と
いう液体表面へ研究構想が移っており（本文の文献 [2]），企業に身を置きな
がらここまで自由でダイナミックな基礎研究が展開されたことに驚かされる．
こうした業績により，界面化学分野で初めてのノーベル化学賞がラングミュア
に授与された．彼の研究で長寿命の白熱電球が市場に広く出回り，世界中の夜
がどんどん明るくなっていった．近年，地球温暖化の議論と関わって白熱電球
の使用は強く制限され，水銀灯も環境問題から使用が規制される方向にあり，
急速に照明の LED 化が進められている．筆者は青色 LED を発明した赤﨑勇教
授や天野浩教授が研究を進めた名古屋大学に身を置いているが，安定な白熱電
球の実用化に大きく貢献したラングミュアの界面化学研究と青色 LED の発明
の二つのノーベル賞に不思議な縁を感じるとともに，時代の移り変わりも思う．

[1] *Thin Solid Films*, **68** (1)（1980）.
[2] I. Langmuir, *J. Am. Chem. Soc.*,**38**, 2221（1916）.

1.3 自己組織化単分子膜（湿式）

ドイツでLB膜研究を行っていたイスラエル出身のサギフ（Jacob Sagiv）はイスラエルへ戻ったのち同国の Zisman が行っていた有機シラン化合物による固体表面修飾に関する一連の研究に触発された．その結果溶媒に溶解させた長鎖シラン化合物を基板に吸着させ，自己集合化を伴いながら固体表面と共有結合を形成させて配向分子膜を形成する手法を考案した（1980年）（図1.3）[7]．良質な単分子膜を作製するためには，分子の選択や作製条件を慎重に設定する必要がある．

数年後，1983年には米国の Nuzzo と Allara が金表面にてアルカンチオール誘導体が高度に組織化された単分子膜を形成することを見出した[8]．さらにホワイトサイズ（George Whitesides）らの精力的な研究によってこの手法の有用性が世界的に知られることとなり[9]，高度な配向を有する単分子膜作製の標準的な手法となった（図1.4）．こうした単分子膜は，自己組織化単分子膜（self-assembled monolayer；SAM）と呼ばれる．金属の導電性基板を対象とできることから，電気化学や表面触媒化学分野の研究でも強力なツールとして利用されている．この手法は特別な装置を要せず，

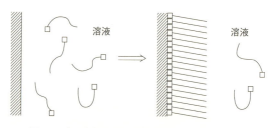

図1.3　自己組織化単分子膜（SAM）作製の模式図

1.3 自己組織化単分子膜（湿式）

LB法のように平面基板に限られることはなく，任意の曲面表面にも適用でき，応用範囲が広い利点がある．

デッヒャー（Gero Decher）は学生時代ではLB膜の研究者であったが，異なる荷電の高分子電解質を交互に吸着させて累積する手法を着想して交互吸着法（Layer-by-Layer法；LbL法）を1991年に

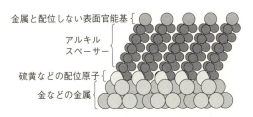

図 1.4　金などの金属表面に形成される SAM 膜の模式図

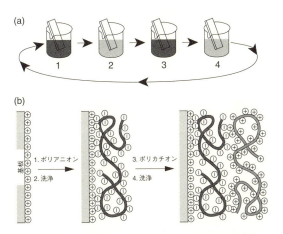

図 1.5　交互吸着法（LbL）法による薄膜作製の模式図
(a) LbL法の操作．(b) 得られる膜の模式図．[11] G. Decher, *Science*, **277**, 1232 (1997) より．

8   第 1 章   分子薄膜の作製法

発表し [10]，さまざまな機能性薄膜材料の調製へと展開できることを示した（図 1.5）．特別な装置を要せず，溶液へ交互にディップすることで調製できるので，極めて多くの研究者が超薄膜作製に用いている（*Science* 誌の解説記事 [11] は 2018 年の時点で 7800 の引用件数があり，化学界のマイルストーン論文に選ばれている．最近の多様な展開については文献 [12] に詳しい）．

1.4   液晶膜

ネマチック液晶は層構造をもたず分子の重心がランダムであり分子配向が揃っている液晶として分類される．しかし，固体界面近傍では並進運動の対称性が崩れ，分子運動性も低下するため，バルクで等方相であっても基板表面では局所的に液晶構造が誘起される [13,14]，あるいはバルクでネマチック構造であってもスメクチック A の層構造を形成することが知られている [15]．すなわち，分子配向が界面によって誘起される [16]．

一方，棒状液晶分子の膜の空気側の界面ではどうであろうか．こちらも理論的考察や分子動力学，さらには実験的に棒状分子が空気側表面（自由表面あるいは自由界面という）に対してホメオトロピック配向（2.1 節参照）となる分子配向が誘起される．これは，分子同士の排除体積効果を考慮すると自由界面に対して棒状分子は垂直に配向した方が自由エネルギーがより低下するためと理解される．たとえば，シアノビフェニル液晶の自己支持膜（小さな穴に形成させたシャボン玉膜のように基板で支持されていない膜）では，分子は膜面に対して垂直に配向する [17,18]．

1.5 スピンキャスト（スピンコート）法（湿式）

　高分子薄膜を作製する際に頻繁にスピンキャスト（スピンコート）法（湿式）手法が用いられる．高分子溶液を平滑な基板上にのせ，テーブル上で高速回転させることにより遠心力で薄膜を調製する手法である．スピンコートは半導体製造工程でシリコン上に感光性ポリマー（フォトレジスト）薄膜を作製するなどの産業工程にて広く使用されている．ディスク状の記録媒体においても，記録面に有機色素の記録層や保護膜生成のために使われることが多い．高品質で平滑な（表面の高低差が 2 nm 以下の）薄膜を能率よく生成する手段として優れている．厚さ 10 nm 以下も可能である．膜厚は高分子溶液の濃度を変化させることで調節が可能であるが，回転速度によってもある程度制御できる．

　研究実験室レベルでも各種高分子薄膜を調製する際に頻繁に利用される．多くの試料が膜として残らず，スピンコーター装置内へ飛ばされてしまうために，試料の量を比較的多く要することが難点ともいえる．産業界では，高価なポリマー材料のコストを抑えるために，スピンコートではない手法を採用することもある．

　遠心力で膜を作製するので，放射状に試料が流動する．溶媒を急速に蒸発させるために，膜中の高分子鎖は非平衡状態で凍結される．分子配向やブロック共重合体のミクロ相分離を誘起する場合は，適切な温度に加熱することで構造的な平衡状態に近づける必要がある．この加熱操作をアニール（annealing）という．スピンキャスト膜中で高分子鎖がどのようなコンホメーションをとり配向しているかは重要な問題であり，中性子散乱法［19］や超解像度蛍光顕微鏡［20］にて高分子の広がりが検討されている．10 nm 以下の膜厚のナノ薄膜であれば，高分子溶液に浸漬して引き上げるディッ

10　第 1 章　分子薄膜の作製法

プコートという手法を用いることもできる．この成膜法であれば試料の無駄を避けることができる．

参考文献

[1] 八瀬清志，第 1 章，pp.1-15，内藤裕義，久保野敦史，舟橋正浩，吉本尚起（監修），『有機エレクトロニクスにおける分子配向技術』，シーエムシー出版（2007）．

[2] I. Langmuir, *J. Am. Chem. Soc.*, **39**, 1848（1917）.

[3] K. B. Blodgett, *J. Am. Chem. Soc.*, **56**, 495（1934）.

[4] K. B. Blodgett, *J. Am. Chem. Soc.*, **57**, 1007（1935）.

[5] S. Nagano, T. Seki, K. Ichimura, *Langmuir*, **17**, 2199（2001）.

[6] S. Nagano, T. Seki, *J. Am. Chem. Soc.*, **124**, 2074（2002）.

[7] J. Sagiv, *J. Am. Chem. Soc.*, **102**, 92（1980）.

[8] R. G. Nuzzo, D. L. Allara, *J. Am. Chem. Soc.*, **105**, 4481（1983）.

[9] J. C. Love, L. A. Estroff, J. K. Kriebel, R. G. Nuzzo, G. M. Whitesides, *Chem. Rev.*, **105**, 1103（2005）.

[10] G. Decher, J.-D. Hong, *Makromol. Chem. Macromol. Symp.*, 46, 321（1991）.

[11] G. Decher, *Science*, **277**, 1232（1997）.

[12] K. Ariga, Y. Yamauchi, G. Rydzek, Q Ji, Y. Yonamine, K. C.-W. Wu, J. P. Hill, *Chem. Lett.*, **43**, 36（2014）.

[13] M. I. Boamfa, M. W. Kim, J. C. Maan, Th. Rasing, *Nature*, **421**, 149（2003）.

[14] K. Miyano, *J. Chem. Phys.*, **71**, 4108（1979）.

[15] S. Aya, F. Araoka, K. Ema, H. Orihara, H. Takezoe *et al.*, *Phys. Rev. E.*, **89**, 022512（2014）.

[16] B. Jerome, *Rep. Prog. Phys.*, **54**, 391（1991）.

[17] H. Kasten, G. Strobl, *J. Chem. Phys.*, **103**, 6768（1995）.

[18] M. Sadati, N. L. Abbott, J. J. de Pable *et al.*, *J. Am. Chem. Soc.*, **139**, 3841（2017）.

[19] A. Brûlet, F. Boué, A. Menelle, J. P. Cotton, *Macromolecules*, **33**, 997（2000）.

[20] H. Aoki, *Microscopy*, **66**, 223（2017）.

第2章

液晶の表面配向特性
―光配向を中心に―

2.1　基板表面での液晶分子配向誘起

　液晶物質の配向は接する表面・界面の影響を強く受けることはよく知られており，液晶材料科学の大きな興味の対象となってきた．特に分子の位置に秩序がなく，配向のみが揃っている流動性の高いネマチック液晶（液晶の分類については [1] を参照）は，固体基板の表面特性を強く受け，その配向状態は数マイクロメートルレベル以上の長距離に及ぶ．このことは古く 1911 年フランスの C. Mauguin の論文 [2] に触れられていて，彼は液晶の光学特性を評価する上でガラス基板を紙などで一方向にラビング（摩擦操作）をしていた．

　ネマチック液晶分子の配向手法は多岐にわたり，おもに 2000 年以降の文献で報告されてきたものを表 2.1 にまとめる [3]．ラビングなどの機械的な操作に加え，光配向，表面形状付与，ビーム技術の利用などがある．このような多彩な手法が使えることは，ネマチック液晶の大きな特徴であり，表面にわずかな異方的な構造があれば，表面との相互作用（アンカリング；anchoring という）を起点として，液晶分子は自らの集合特性に相当する秩序性で配向する．

　棒状ネマチック液晶では，一般に長鎖で覆われた基板表面にて分

12 第2章 液晶の表面配向特性—光配向を中心に—

表2.1 ネマチック液晶のさまざまな配向手法

詳細は ［3］ T. Seki, S. Nagano, M. Hara, *Polymer*, **54**, 6053（2013）の Table1 を参照.

機械的手法	光配向	表面形状付与	ビーム技術
ラビング	SAM	ナノインプリント	イオンビーム
空気バフィング	LB 膜	リンクル	プラズマビーム
摩擦転写	LbL 膜	ピラーアレイ	電子ビーム
延伸	スピンキャスト膜	インクジェット印刷	
剥がし	光ラビング		
LB 膜	表面ポリマーブラシ		
	表面レリーフ（SRG）		
	表面修飾		

子の長軸が基板面に対して垂直に立ったホメオトロピック（homeo-tropic）配向をとり，平滑な無機固体表面では分子長軸は特に制御されずにおもに水平なプラナー（planar）配向をとる. 直交させた偏光板を用いた偏光顕微鏡観測では前者は暗く見え，後者は明るく見える.

　液晶ディスプレイ素子を作るためには，プラナー配向の向きを均一に揃えたホモジニアス（homogeneous）配向が必要であり，そのために，高分子薄膜（多くはポリイミド）を透明電極の上に作製し，これにラビング処理する工程が用いられてきた. 高分子膜表面をローラーに付けた布でラビングすることによって，膜表面での高分子の分子配向が誘起されるとともにラビング方向へのうねり形状ができる. 棒状液晶分子は表面で配向した高分子へアンカリングされるとともに，うねり形状で変形を受けるため，弾性エネルギーが最小となるようにうねりと平行に配向する.

2.2 コマンドサーフェス

ネマチック液晶の分子配向が基板表面の材料の配向状態に強く依存するならば，光反応で配向状態を制御できる可能性がある．

市村らは液晶配向を光で制御できることを最初に実証した（1988年）[4]．基板表面にアゾベンゼン分子膜を設けてネマチック液晶セルを組み，紫外光により表面アゾベンゼン分子層をシス型とするとホメオトロピック配向からプラナー配向へと変化し，青色の可視光を照射するとふたたびホメオトロピック配向へと変化する．表面の単分子膜レベルのアゾベンゼン分子で数マイクロメートルの厚みのあるネマチック液晶相全体の配向を支配できる．この分子膜表面はコマンドサーフェスと呼ばれている（図 2.1）．すなわち，分子数で考えると表面単分子膜が数万分子のネマチック分子の配向変化をもたらすことのできる典型的な動的な分子情報増幅システムである．こうした液晶物質の表面からのスイッチング効果は，光応答に

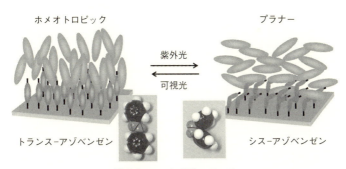

図 2.1　コマンドサーフェス
基板上のアゾベンゼンの単分子膜の光異性化で数マイクロメートルに及びネマチック液晶の配向をスイッチ制御できる．[4] K. Ichimura, Y. Suzuki, T. Seki, A. Hosoki, K. Aoki, *Langmuir*, **4**, 1214 (1988) より.

限らずさまざまな刺激応答表面に対して広くコマンドサーフェス効果（あるいは単純にコマンド効果）と呼ばれている．コマンドサーフェスは基板表面に SAM や LB 膜の分子膜に加え，簡便な方法としては光応答物質の高分子のスピンキャスト膜が用いられる．

　最初のコマンド分子システムは，アゾベンゼンの光異性化によるホメオトロピック配向とプラナー配向の増幅作用を介した光スイッチングのプロトタイプという学術的な意義が強かったが，2.5 節以降で触れるように，すぐに液晶分子を任意な水平方向へと配向させうるプロセスへと展開した．そして，その約 20 年後（2009 年）にはラビング配向法に代わって，本格的に光配向法が大型液晶ディスプレイの製造に用いられ，現在光配向法はスマートフォンを含め多くの液晶表示素子の製造プロセスにて採用されている．液晶の光配向プロセスの背景や詳細については多くの総説や成書があり［3，5～11］，日本語では市村による成書［12］がある．

2.3　表面分子膜の設計と液晶配向

　ネマチック液晶の配向について，光配向現象に限定せず少し詳しく眺めてみよう．2.4 節で触れるように鋭敏なセンサーとしての応用展開もできる．現象としては棒状液晶分子の長軸方向が平面に対してホメオトロピック配向するか，プラナー配向するかが基本的な興味である．ディスプレイ素子などへの応用を考慮すると一軸に配向を揃えたホモジニアス配向，さらには分子軸が傾いたチルト（tilt）配向をいかに精密な角度で安定に実現するかが重要である．

　歴史的には，平らな基板上でのネマチック液晶の配向状態は液晶物質の表面張力（γ_{LC}），固体表面の表面張力（γ_S）の大きさで理解されてきた（表面形状がある場合は液晶の弾性エネルギーが関与す

るので除外する）．多くの実験結果から，$\gamma_S < \gamma_{LC}$ ではホメオトロピック配向を，$\gamma_S > \gamma_{LC}$ ではプラナー配向をとる．これは1970年初頭に提案された Friedel-Creagh-Kmetz（FCK）則と呼ばれている [13]．しかし，1980年前後からLB法やSAM法を用いた精密な分子膜上での液晶配向が研究されるようになると，FCK則の巨視的な表面エネルギーのパラメータでは説明できない配向挙動が認識されるようになった．

Hiltrop と Stegemeyer [14, 15] および Fang ら [16] は生体膜成分であるリン脂質（レシチン）をLB法にてガラス基板上に単分子膜を作製し，ネマチック液晶の配向状態を観測した．水面上に展開したレシチンを膨張膜で充填密度の低い状態でガラス基板に移し取った際はホメオトロピック配向を，圧縮を進めて固体膜になったときはプラナーを含むランダムな配向となることを報告した（図2.2）．レシチン単分子膜は緩く二次元充填されている際は棒状液晶分子がレシチン長鎖の間にささり込むように相互作用し，レシチン単分子膜が密に充填されていると，ささり込みが困難であるのでランダムな配向を示す，と解釈されている．この挙動はFCK則では説明がつかず，液晶配向を理解するには表面構造を分子レベルで考

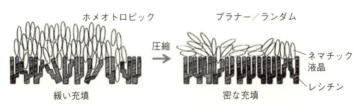

図 2.2 レシチン LB 単分子膜とネマチック液晶の配向

[14] K. Hiltrop, H. Stegemeyer, *Ber. Bunsenges. Phys. Chem.*, **82**, 884（1978），
[15] K. Hiltrop, H.Stegemeyer, *Ber. Bunsenges. Phys. Chem.*, **85**, 582（1981）より．

える必要があることを示している．この現象を利用すると，水面ラングミュア膜の単分子膜ドメイン構造もネマチック液晶セルを組むことで可視化できる [17]．

SAM 膜では，長鎖アルキル鎖を要さない単分子膜の調製が可能であり，LB 膜では困難な検討もできる．Drawhorn と Abbott [18] は光が透過するレベルの金蒸着薄膜上に系統的にアルキル鎖長を変化させたチオール化合物を用いて，アルキル鎖と液晶配向の関係，さらにはアルキル鎖長の異なる SAM の効果を検討した．アルキル直鎖の炭素数が 3〜16 のものを用いたところ，液体の接触角で評価される表面張力は大きく変化するにもかかわらず単独の SAM ではプラナーあるいはチルト配向を示す（やはり FCK 則では説明できない）．一方，炭素数 16 と 5 あるいは 10 のものの混合することで，いずれもホメオトロピック配向を示した．このことは先の LB 膜の充填密度の効果と同様に解釈することができる．混合したアルキル鎖長の単分子膜で棒状分子の刺さり込みがおこり，ホメオトロピック配向が得られやすくなる．アルキルシラン系でも Schwartz らにより検討が進められ，鎖長の異なる混合 SAM で [19, 20]，同様な結果が得られている（図 2.3）．

ここで，2.2 節のアゾベンゼンのコマンドサーフェスをふたたび眺める．SAM や LB 法で作製した制御された単分子膜を用いると，

プラナー　　　混合 SAM 膜中，長鎖の割合を増加させると　　　ホメオトロピック

図 2.3　アルキル長の異なる混合 SAM 膜とネマチック液晶配向
[20] P. S. Noonan, A. Shavit, B. R. Acharya, D. K. Schwartz, *ACS Appl. Mater. Interfaces*, **3**, 4374 (2011) より．

界面での相互作用の様子が見えてくる．アゾベンゼンの平面密度は，SAMであればアゾベンゼン以外のシラン化合物と混合することで分子的に希釈することができ [21]，LB法であれば，水面圧縮の程度で面内密度を変化させることができる．LB法では，アゾベンゼンをシス型にしておくと大きく膜が膨張することから，面積密度を大きく変化させることができる（このことは4.1節で触れる駆動機能へと結びつけることができる）．表面のアゾベンゼンの密度に関しては，配向のコマンド効果を得るには約 1 nm^2 以上の面積が必要である [22,23]．これはアゾベンゼン分子や棒状液晶分子を基板に対して密に垂直に配向した際に想定される横断面の面積の約4倍であり，平均的にはアゾベンゼン分子間に液晶分子がちょうど1分子挟み込まれる状況に相当する．

アゾベンゼンの高分子単分子膜をLB法にて作製し，液晶分子の蒸気に触れさせると，アゾベンゼンが基板面に対してより垂直に配向することが透過吸収スペクトルの観測からわかる（図2.4）[22]．液晶分子を加熱して乾かして取り去ると，スペクトル形状は元に戻る．このようにトランス体のアゾベンゼン分子膜は棒状液晶分子をゲストとして受け入れる集団的なホスト-ゲスト作用をもつ．アゾ

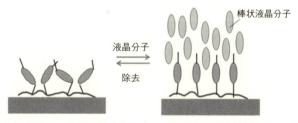

図2.4　アゾベンゼンLB単分子膜（コマンド層）と棒状液晶分子との接触
棒状分子との接触でアゾベンゼンはより垂直に配向する．[22] T. Seki, Kawanishi, Tamaki T, K. Ichimura *et al.*, *Langmuir*, **9**, 211 (1993) より.

ベンゼンがシス体へと変化するとこの挿入状態が解消され，ホメオトロピック配向からプラナー配向へと変化するものと解釈される．

2.4 水との界面で誘起される液晶配向

これまでは固体と液晶との界面について扱ったが，液体と液晶の界面も興味深い対象である．この場合，液体中に存在する分子がネマチック液晶との界面に吸着することで，液晶配向が増幅的に変化し偏光板で可視化できる．この分野は Abbott ら [24, 25] により開拓され，Schwartz ら [26] も加わり精力的な研究が展開されている．

ネマチック液晶を水面と接しても安定な膜として保つために，200〜300 μm 間隔のワイヤグリッドに液晶膜を形成させて偏光顕微

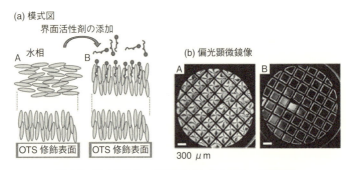

図 2.5 ワイヤグリッドに支持されたネマチック液晶膜
水との接触によりプラナー配向が誘起され，水中に界面活性剤が存在するとホメオトロピック配向が誘起される（OTS：オクタデシルトリクロロシラン）．A：界面活性剤なし，B：界面活性剤あり．模式図(a)と偏光顕微鏡像(b)．(a) [25] J. M. Brake, N. L. Abbott., *Langmuir*, **18**, 6101（2002），(b) [24] N. A. Lockwood, J. K. Gupta, N. L. Abbott, *Surf. Sci. Rep.*, **63**, 255（2008）より．口絵1参照．

表 2.2　長鎖脂肪酸の相とネマチック液晶配向との関係

[26] A. D. Price, D. K. Schwartz, *J. Phys. Chem. B.*, **111**, 1007 (2007) を改変.

相	複屈折性	液晶配向	面内異方性
気相	有（強い）	チルト（プラナー配向に近い）	無
液相	無	ホメオトロピック	無
凝縮相	有（弱い）	チルト（ホメオトロピックに近い）	有

鏡で配向を観測する．たとえば，純水ではプラナー配向を示していた液晶分子が，水中に界面活性剤（ドデシル硫酸ナトリウム；SDS）が溶けていると，液晶-水界面で SDS が吸着して，ホメオトロピック配向を誘起する（図 2.5）．

Schwartz らは水-液晶界面に吸着された結晶性長鎖脂肪酸で同様の検討を行い，温度を変化させて相図をネマチック液晶の複屈折性とテクスチャー観測により決定できることを示した [26]．これにより通常の水面に形成されるラングミュア単分子膜と水-液晶界面に形成される単分子膜とを比較して議論できる（表 2.2）．

有機溶媒にネマチック液晶が溶けるので，液体-液晶界面を対象にできる液体は水やグリセロールなどの極性の高い液体に限られる．しかし，ネマチック液晶の配向変化を通じて，さまざまな水溶液の物質検出や相互作用や反応を検出できる高感度なセンサーとして応用可能である．電気回路を必要としない，純粋に分子システムだけで情報を増幅できるセンサーが構築できる．上記の界面活性剤 [25〜28] だけでなく，タンパク質の結合挙動と酵素反応，リン脂質とタンパク質との相互作用 [27]，高分子電解質 [29]，生体細胞など [30] の検出，カチオン界面活性剤を介して DNA のハイブリダイゼーションの検出も可能である [31]．

2.5 ワイゲルト効果

　1919 年ころから数年かけてワイゲルト（Fritz Weigert，ドイツ語ではヴァイゲルト）は「光照射の新しい効果」と題する一連の論文を発表した [32, 33]．たとえば，高分子（コロジオン）膜にシアニン色素を分散させ直線偏光を照射したところ，色素の遷移モーメントが偏光に一致した分子は光反応で脱色され，膜全体として垂直方向に強い二色性をもつ異方的な光学フィルムとなる．この現象に限らず，一般に，後述するような液晶分子の光再配向によって偏光などの光照射で材料中に光学異方性（二色性や屈折率異方性）が誘起される現象も広くワイゲルト効果と呼ばれる [3, 12, 32]．

　物質に光（電磁波）が吸収される際は，物質中の電子と相互作用するので，電場ベクトルの方向（E）が重要である．ある方向にだけ選択的に光反応させて（軸選択的あるいは方位選択的（angular selective）という）材料中にベクトル情報を入れ込む作用が見出された意義は大きく，ワイゲルト効果は光配向プロセスの基本原理である．光材料化学におけるこの重要な発見がなされた 1920 年初頭は，フォレンダー（Daniel Vorländer）やシュタウディンガー（Hermann Staudinger）による液晶化学や高分子化学の黎明期と一致している（コラム 2）．

2.6 ワイゲルト効果と分子配向誘起

　前節で触れたワイゲルト効果は分子の異方的な脱色だけでなく，光異性化分子の動きを伴う再配向が誘起される．この現象は古く，1957 年に Teitel はアゾ色素の一種であるコンゴレッドを粘調なゼラチンゲル中に入れた系で報告し，直線偏光照射でゲルが二色性を

示すことをごく短い論文で報告した [34]．しかし，当研究分野の

コラム 2

1920 年代：高分子と液晶

1920 年にシュタウディンガーはドイツ化学会誌に "Über Polymerisation" と題する論文で巨大分子説を最初に論文として発表した [1]．そのために東京オリンピックが開催される 2020 年は高分子 100 年と位置付けられ，世界の関連学会で記念行事の開催準備が進められている．よく知られるように，この論文で高分子説がすぐに認められたわけではなく，巨大分子説に違和感をもつ著名なコロイド研究者とシュタウディンガーとの間でその後 10 年の激しい論争が続けられることになる．

液晶と高分子の出会いは，液晶分子合成のパイオニアで液晶化学に絶大な功績を遺した Halle 大学のフォレンダーの 1923 年の論文にあるとされる [2]．フォレンダーは液晶性発現の興味で，ベンゼン環のパラ位をエステルで縮合させた化合物を逐次伸ばした棒状分子の合成を試みた．この時は分子量が大きくなると溶融する前に炭化してしまい，思い通りの構造形成や物性評価はできなかった．しかし，芳香環の縮合体（モノマー）を逐次伸ばしていく着想が明確に触れられ，現在でいう重合体を彼は "supracrystal" と表現した．これらの研究はシュタウディンガーが巨大分子説で戦っていた時期とちょうど重なっている．

ちなみに，シュタウディンガーはフォレンダーのもとで有機合成化学の研究にて学位を取得しており，結果的に液晶研究と高分子研究で多大な功績を残した偉大な研究者同士が深い縁で結びつき，共通の興味へと導かれていったところは興味深い．

[1] H. Staudinger, *Ber. Deutsch. Chem. Gesellschaft.*, **53**, 1073（1920）.
[2] D. Vorländer, *Z. Phys. Chem.*, **105**, 211（1923）.

起爆剤といえる発表は，1984年のブルガリアのTodorovら[35]によるものである．アゾ色素のメチルオレンジが分散されたポリビニルアルコール膜にアルゴンイオンレーザー（488 nm）の直線偏光を照射すると，偏光のE方向と平行および垂直な方向の偏光透過率がそれぞれ対照的に上昇および減少する．このことはメチルオレンジの光異性化を通じて分子の回転運動が誘起され，この色素が直線偏光の電場ベクトル方向（E）から垂直な方向へと逃げるように再配向していることを明確に示している（図2.6a）．光照射を止めると二色性は大きく緩和するもののわずかに残る．アゾベンゼンをポリマー主鎖に共有結合で結びつけることで緩和挙動が大幅に抑えられることが1992年にNatansohnら[36]によって示されている．Stumpeら[37,38]は側鎖型液晶高分子を用いることで，この配向作用が大きく増幅され，ガラス状態にて安定に保持できることを示した．こうした特性は書き換え可能なホログラム記録や複屈折フィルム作製へと利用できる[39,40]．

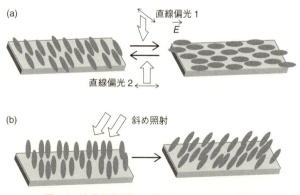

図2.6　液晶配向制御に使われるワイゲルト効果

偏光を用いなくても，斜め方向から光を入射することでアゾベンゼンのような光反応色素はその長軸を光の方位と揃えるように（進行方向と平行になるように）再配向する（図 2.6b）．この方位に配向することで光励起されにくくなるためで，分子を傾いた方向へ並ばせたいときに重要な技術となる．直線偏光は面内に配向させるために頻繁に用いられるのに対し，斜め照射の手法は 3 次元的に分子軸方位を規制できる ［40, 41］．

2.7 光配向テクノロジー

2.6 節は薄膜の成分全体を配向させた例であるが，コマンドサーフェス型の表面光配向に話を戻そう．この表面液晶配向効果とワイゲルト効果が出会うことで本格的な光配向テクノロジーへの道が開かれた．

基板の配向膜中のアゾベンゼンに直線偏光を照射して，そのワイゲルト効果によるネマチック液晶の再配向効果については Gibbons らが 1991 年に最初に報告した ［42］．翌年，川西ら ［43］ もアゾベンゼンの SAM 膜を用いて直線偏光照射によるホモジニアス配向と再配向を報告している．1992 年には Schadt, Chigrinov ら ［44］ が，ケイ皮酸フォトポリマーへの直線偏光照射に基づく方位選択的な光二量化反応（光環化反応）を利用した配向膜を発表した．この論文は表面光配向をテクノロジーへと本格的に方向付けた重要なものである．斜め照射の効果については，アゾベンゼン SAM 膜への斜め照射によるネマチック液晶の面内一軸配向やチルト配向は川西らによって最初に報告された ［45］．

液晶ディスプレイ製造では，ネマチック液晶にあらかじめ表面配向を施す必要があり，それを高分子膜のラビング処理で行ってき

た．製造工程で配向膜を擦ることで，配向膜の静電破壊やダメージがあり，従来から擦らない非接触で液晶分子をホモジニアス配向させる手法が強く求められていた [6]．また，大画面への対応や画素分割 [46]，スマートフォンで必要な高精細なパネル製造にはラビングより優位性がある [47]．表面光配向プロセス [3, 5〜12, 48, 49] は，当初光配向膜の安定性やアンカリング強度に問題があったが，発見から 20 年近く経過した 2009 年に液晶テレビの製造に本格的に採用され [1, 46]，スマートフォンパネル製造 [47] にも多く使用されるようになった．

光配向に用いられる光反応の種類も拡大していった．これらを大別すると，アゾベンゼンで代表される E/Z 光異性化反応，ケイ皮酸エステルで代表される光環化（二量化）反応，光転位反応，光分解反応である．いずれも直線偏光を照射するか，斜め照射を施すこ

表 2.3　各種光反応による光配向

詳細は [3] T. Seki, S. Nagano, M. Hara, *Polymer*, **54**, 6053 (2013) の Table 2 とその引用文献を参照.

反応の分類	反応分子	高分子の型
E/Z 光異性化	アゾベンゼン	側鎖型および主鎖型
	スチルベン（一部 [2+2] 環化を含む）	側鎖型および主鎖型
	ケイ皮酸	側鎖型および主鎖型
[2+2] 光環化	ケイ皮酸	側鎖型および主鎖型
	クマリン	側鎖型
	カルコン	側鎖型
	スチリルピリジン	側鎖型
[4+4] 光環化	アントラセン	側鎖型
光転位	光フリース反応	側鎖型
	di-π-メタン	側鎖＋主査
光分解	シクロブタン環	主鎖型
	ポリシラン	主鎖型

とにより，配向膜表面に構造異方性を誘起することによる．2005
年以降で報告されている光反応高分子について表2.3にまとめる．
これらの詳細は，文献を参照されたい [3,5〜12]．

2.8　アゾ色素配向膜

　光液晶配向膜は，高分子物質がほとんどであるが，スルホン酸塩
を有する棒状のアゾベンゼン誘導体は優れた光配向膜として機能す
る．金属塩の色素であるのでいったん配向させると，その構造は一
般の有機溶媒中でも安定で実用的に有用である．

　特にChigrinovらとDIC株式会社により開発されたSD1は重要
である（図2.7）[50,51]．SD1は極性溶媒からスピンコート膜が
作製できる．この膜に365 nmの50 mJ/cm² 程度の少ない光量の直
線偏光を照射することで，その垂直方向へ高い二色比にて配向する
[52]．ネマチック液晶のこの色素膜の面内方向のアンカリング強
度はポリイミド膜と同等である．ネマチック液晶のディスクリネー
ションを任意に制御する技術にもSD1を用いた光配向膜が利用さ
れている（図2.8）[53]．

　また，SD1を配向膜として用いて液晶膜中に量子ロッドを分散
させて配向させることもできる．界面活性剤で表面を覆ったCdSe
/CdSナノロッドを分散させた重合性の液晶モノマーをSD1の光配

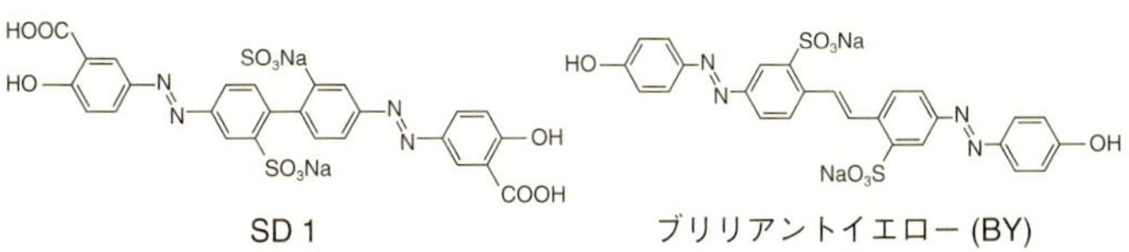

SD 1　　　　　　　　　　　　　ブリリアントイエロー (BY)

図2.7　優れた光配向膜特性を示すアゾ色素の例

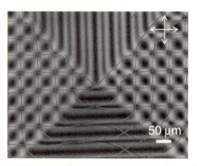

図 2.8　光配向膜を用いたディスクリネーション制御
上下の基板に異なる光配向にてパターン化を行い，ディスクリネーション線を自在に制御している．[53] M. Wang, Y. Li, H. Yokoyama, *Nat. Commun*., **8**, 388（2017）より．口絵 2 参照．

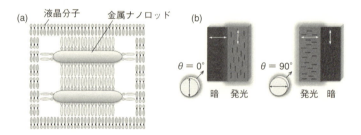

図 2.9　液晶の光配向を介した金属ナノロッドの配向(a)と偏光発光の模式図(b)
(a)［54］T. Du, J. Schneider, A. K. Srivastava, V. Chigrinov, H.-S. Kwok *et al.*, *ACS Nano*., **9**, 11049（2015）．(b)［55］J. Schneider, W. Zhang, A. K. Srivastava, V. Chigrinov, H.-S. Kwok, A. L. Rogach, *Nano Lett*., **17**, 3133（2017）．より．

向膜上で製膜し，重合でロッドを固定することで偏光発光フィルムを作製できる．秩序度が 0.6〜0.8 程度の偏光発光を得ることができる［54］．量子ドットの配向方向は SD1 へ施した偏光照射と平行になる．これは，液晶分子と量子ロッド表面の界面活性剤アルキル

鎖とが平行に配向するためである（図2.9）．またSD1の光配向を利用して容易にパターン発光させることもできる [55]．

類似した構造のブリリアントイエロー（BY）も検討されている（図2.7b）．この色素はトリアセチルセルロースフィルム（TAC）フィルム上で，光配向後に高湿度状態で一定時間保つことで配向秩序が0.8を超える高配向膜が得られる [56]．高湿度化で配向秩序が向上することは，このアゾ色素がリオトロピック液晶としての特性を有していることを示唆している．

2.9　自由界面からの配向

ここまでの配向膜は基板表面に設けてきたものであるが，液晶高分子薄膜においては自由界面（空気側の界面）から効果的にコマンド効果が発現することが最近わかってきた [9,57,58]．

低分子の棒状液晶分子の自己支持膜にて，棒状分子は分子運動を伴いながら膜面に対して垂直に配向する [59,60]．この状況は液晶性の高分子物質でも当てはまり，棒状メソゲンを側鎖にもつ側鎖型液晶高分子の薄膜を基板上に作製して，適切に熱処理することで，自由表面にてメソゲン分子同士の排除体積効果や柔軟で表面自由エネルギーの低いアルキルテールの影響で棒状メソゲンはホメオトロピック配向を示す．平均場近似や分子動力学の結果からもこのことは支持される．この空気側の表面分子を光で分子配向の状態を変えれば液晶メソゲンの配向が制御できることがわかってきた．

この知見は，ブロック共重合体の側鎖型液晶高分子の配向が検討されている中（3.4節参照），熱処理によって表面に偏析した極めて薄い（20 nm程度）のスキン層の存在で膜中のメソゲンがホメオトロピックからプラナー配向へと変化することが見出されたのが

きっかけである（図2.10）[61]．表面にアゾベンゼンのスキン層があれば，フィルム内部の光反応しないメソゲンの側鎖型液晶高分子のメソゲン配向を制御しうることがすぐに見出された[62]．また，垂直配向を示すブロック共重合体において，膜表面をシリコーンオイルで覆うとメソゲン配向が垂直配向から水平配向へと変化することも報告されている[63]．

　光応答性のないフェニルベンゾエートを側鎖にもつ液晶高分子と表面偏析しやすいアゾベンゼン高分子を数パーセント（重量）混合して薄膜を作製して，加熱することでアゾベンゼン高分子を空気側表面に偏析させる．フォトマスクを利用した2回の直線偏光の露光で水平方向にメソゲンを直交するようにパターニングすることができる．20 nm程度のアゾベンゼンの表面膜の光作用で，1 µm程度（約500倍）の厚みのフェニルベンゾエート高分子膜全体を配向させることができる．インクジェット印刷を用いることで，印刷描画

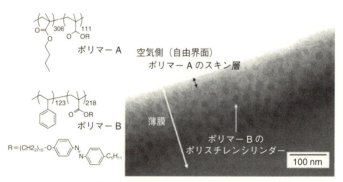

図2.10　表面偏析による配向誘起

[61] K. Fukuhara, M. Hara, S. Nagano, T. Seki *et al.*, *Angew. Chem. Int. Ed.*, **52**, 5988 (2013) より．ポリマーBはホメオトロピック配向性であるが，微小量のポリマーAが表面偏析すると水平配向性に変化する．

のとおりに部分的に光配向させることもできる（図2.11）[62].

また，シアノビフェニルをもつ液晶高分子に数パーセントのアゾベンゼンをもつ液晶高分子を加えて成膜し，加熱することでアゾベンゼン高分子が表面偏析する．表面偏析したアゾベンゼン高分子の光異性化によって，シアノビフェニル液晶のホメオトロピック配向とプラナー配向への可逆的なスイッチングも可能である[64]．すなわち，基板表面に設けたコマンドサーフェス系と同様な配向スイッチングが自由表面から行うことができる（図2.12）.

液晶高分子膜について自由表面でのメソゲン配向の役割の重要さは以下の実験からも確認できる．シアノビフェニルを側鎖にもつ高

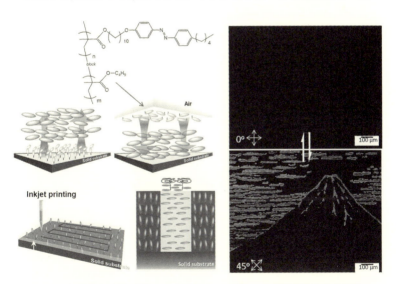

図 2.11 自由界面（空気側）からの光コマンド層による側鎖型液晶高分子膜の配向制御．インクジェット印刷の例

[62] K. Fukuhara, S. Nagano, M. Hara, T. Seki, *Nat. Commun.*, **5**, 3320（2014）より．口絵 3 参照.

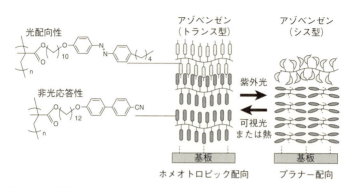

**図 2.12　自由界面（空気側）からの光コマンド層による側鎖型液晶高分子膜の
ホメオトロピック／プラナー配向制御**
[64] T. Nakai, D. Tanaka, M. Hara, S. Nagano, T. Seki, *Langmuir*, **32**, 909（2016）より.

　分子の薄膜は主鎖がポリアクリレートであるかポリメタクリレートであるかによって配向特性が異なる［65］．これは主鎖の剛直性がメソゲン配向に及ぼす効果であると考えられるが詳細は明らかでない．インクジェット法によって互いに自由表面側に描画して膜を熱処理すると，描画した部分は表面に描画したポリマーの配向特性を反映することから，自由表面を起点として配向が膜内部へと転写されていることが明らかである［65］．ホメオトロピック配向を示すメソゲンと，プラナー配向を示すメソゲンをブロック共重合体［66］，あるいはランダム共重合体［67］として共存させることで，多様な配向制御が可能となる．

　川月らは［68］，ベンズアルデヒドを有する高分子薄膜の自由界面側から芳香族アミンの低分子を塗布し，加熱することでその部分だけ光配向能を有する液晶高分子に変換する手法を考案した（図 2.13）．芳香族シッフ塩基は光異性化を起こすために光配向能を有

2.9 自由界面からの配向

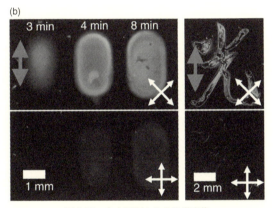

図 2.13 自由界面からの化学変換

[68] N. Kawatsuki, K. Miyake, M. Kondo, *ACS Macro Lett.*, **4**, 764 (2015) より.
(a) ベンズアルデヒドを側鎖にもつポリマーの表面に芳香族アミンをのせ光配向性シッフ塩基へ変換する. その部分のみ光配向性となる. (b) 芳香族アミンを昇華 (b 左) および筆で描いて (b 右) 表面へのせ加熱して得られる局所的な光配向膜の偏光顕微鏡像.

する. アモルファス高分子膜中に光応答液晶を任意の場所へ発生させることができる. 加熱して芳香族アミンを昇華させて取り除けば, 結果的に純粋な高分子薄膜中に配向パターンを作製することが

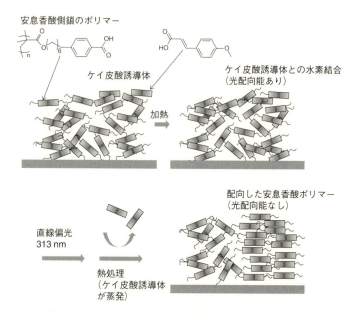

図 2.14 自由界面にケイ皮酸誘導体をのせる部分光配向手法
[70] N. Kawatsuki, R. Fujii, Y. Fujioka, S. Minami, M. Kondo. *Langmuir*, **33**, 2427 (2017) より．光配向後にケイ皮酸誘導体を熱処理で除去することで光配向能をもたない配向領域が残される．

できる．

　自由界面を用いることで多様なメソゲンの配向制御ができる．低分子芳香族を表面にのせることで本来ホメオトロピック配向を示す側鎖型液晶高分子膜がその部分のみプラナー配向性へと変化する．興味深いことに芳香族低分子を昇華させて除去してもプラナー配向は保たれるため，純粋な液晶高分子の配向のパターニングが可能となる [69]．

　水素結合を介して高分子側鎖に光配向能を局所的に作ることもで

きる．安息香酸を側鎖にもつ高分子薄膜の表面に昇華やインクジェット法で局所的にケイ皮酸誘導体をのせておき加熱すると，水素結合が組み変わって光配向性側鎖となる．やはり，加熱してケイ皮酸誘導体を昇華させて取り除くことができ，結果的に純粋な高分子薄膜中に配向パターンを作製することができる（図2.14）．光配向能をもつメソゲンが狙った部分に合成されるので，その部分のみ直線偏光照射にてホモジニアス配向させることができる［70］．

　以上，液晶物質の光配向を概観してきたが，光配向手法を用いると，いったん配向させた方位を別の光操作で別の方位へと再配向できる特徴がある．各種機能材料の設計と組み合わせるとキャリア伝導，イオン伝導，熱伝導パスの方位もスイッチングしうることも想定でき，将来に向けて新たな技術の展開が生まれるものと期待できる．

参考文献

[1] 竹添秀男，宮地弘一（著），日本化学会（編），『液晶（化学の要点シリーズ19）』，共立出版（2017）．

[2] C. V. Mauguin, *Bull. Soc. Franc. Mineral.*, **34**, 71 (1911).

[3] T. Seki, S. Nagano, M. Hara, *Polymer*, **54**, 6053 (2013).

[4] K. Ichimura, Y. Suzuki, T. Seki, A. Hosoki, K. Aoki, *Langmuir*, **4**, 1214 (1988).

[5] K. Ichimura, Chem. Rev., 100, 1847 (2000).

[6] V. G. Chigrinov, V. M. Kozenkov, H.-S. Kwok, *Photoalignment of Liquid Crystalline Materials*.（SID Series in Display Technology），West Sussex: John Wiley & Sons (2008).

[7] O. Yaroshchuk, Y. Reznikov, *J. Mater. Chem.*, **22**, 286 (2012).

[9] T. Seki, *Polym. J.*, **46**, 751 (2014).

[10] T. Seki, *J. Mater. Chem. C.*, **4**, 7895 (2016).

[11] T. Seki, *Bull. Chem. Soc. Jpn.*, **91**, 1026 (2018)

[12] 市村國宏，『液晶の光配向』，米田出版（2007）．

[13] J. Cognard, *Mol. Cryst. Liq. Cryst.*, **Suppl 1**, 1 (1982).

34   第 2 章　液晶の表面配向特性―光配向を中心に―

[14] K. Hiltrop, H. Stegemeyer, *Ber. Bunsenges. Phys. Chem.*, **82**, 884 (1978).

[15] K. Hiltrop, H.Stegemeyer, *Ber. Bunsenges. Phys. Chem.*, **85**, 582 (1981).

[16] J. Fang, Y. Wei, *Mol. Cryst. Liq. Cryst.*, **222**, 71 (1992).

[17] J. Fang, U. Gehlert, R. Shashidar, C. M. Knobler, *Langmuir*, **15**, 297 (1999).

[18] R. A. Drawhorn, N. L. Abbott, *J. Phys. Chem.*, **99**, 16511 (1995).

[19] S. M. Malone, D. K. Schwartz, *Langmuir*, **24**, 9790 (2008).

[20] P. S. Noonan, A. Shavit, B. R. Acharya, D. K. Schwartz, *ACS Appl. Mater. Interfaces*, **3**, 4374 (2011).

[21] K. Aoki, T. Seki, Y. Suzuki, T. Tamaki, A. Hosoki, K. Ichimura, *Langmuir*, **8**, 1007 (1992).

[22] T. Seki, Kawanishi, Tamaki T, K. Ichimura *et al.*, *Langmuir*, **9**, 211 (1993).

[23] T. Seki, R. Fukuda, T. Tamaki, K. Ichimura, *Thin Solid Films*, **243**, 675 (1994).

コラム 3

表面への偏析は厄介者？

　お気に入りの合成皮革のカバンやアニメキャラクターのフィギュアなどを大切に引き出しの中にしまって数年，出してみたら，表面がべたべたしてとても使えない．だれでもこんな経験があるだろう．これは樹脂中の可塑剤などが長時間かけて表面へ偏析したものである．可塑剤は合成皮革の風合いや柔らかさを整えるために加えられている．大切なものが結局捨てられることとなり，この現象は厄介者である．表面自由エネルギー（γ）がより低いものが表面へ偏析する．γ は以下の式で与えられる．

$$\gamma = \left(\frac{\partial G}{\partial A}\right)_{T,P} = \left\{\frac{\partial(H-TS)}{\partial A}\right\}_{T,P}$$

　ここで，G：ギブスエネルギー，H：エンタルピー，S：エントロピー，A：表面積，T：温度，P：圧力である．このことから，H はより小さいもの（極性の低いもの）が表面に偏析し，S はより大きいもの（分子量が低い，運動性が高いもの）が表面偏析しやすいことがわかる．低分子可塑剤はエントロピー

[24] N. A. Lockwood, J. K. Gupta, N. L. Abbott, *Surf. Sci. Rep.*, **63**, 255 (2008).

[25] J. M. Brake, N. L. Abbott., *Langmuir*, **18**, 6101 (2002).

[26] A. D. Price, D. K. Schwartz, *J. Phys. Chem. B.*, **111**, 1007 (2007).

[27] J. M. Brake, M. K. Daschner, Y. Y. Luk, N. L. Abbott, *Science*, **302**, 2094 (2003).

[28] J. K. Gupta, N. L. Abbott, *Langmuir*, **25**, 2026 (2009).

[29] M. I. Kinsinger, B. Sun, N. L. Abbott, D. M. Lynn, *Adv. Mater.*, **19**, 4208 (2007).

[30] N. A. Lockwood, J. C. Mohr, J. J. de Pablo, N. L. Abbott *et al.*, *Adv Func. Mater.*, **16**, 618 (2006).

[31] A. D. Price, D. K. Schwartz, *J. Am. Chem. Soc.*, **130**, 8188 (2008).

[32] F. Weigert, *Z. Phys.*, **85**, 410 (1921)

[33] F. Weigert, *Naturwissenschaft*, **9**, 583 (1921).

[34] A. Teitel, *Naturwissenschaft.*, **44**, 370 (1957).

の寄与から表面偏析しやすい.

　これまで表面偏析は高分子製品を劣化させる厄介者として捉えられてきたが，最近になり新たなテクノロジーとして利用する動きがさかんである．表面機能の改質に表面偏析はとても便利である．ラミネートの煩雑さや表面修飾のための特殊な処理操作も不要である．高分子膜であれば，軟化する温度へ加温するだけである．本書では，すでに自由表面からの液晶配向，簡便な高密度グラフト鎖の作製などを紹介した．そのほかたとえば，ブロック共重合体を利用した表面機能化 [1]，抗血栓性の高分子膜の作製 [2]，異種の高分子フィルムの高密着性を実現する技術 [3]，フジツボなどの海洋生物が付着しない高分子表面を作製する技術 [4] など，表面偏析に基づく新しい技術が登場している.

[1] A. Seki *et al.*, *Macromol. Chem. Phys.*, **218**, 1700048 (2017).

[2] M. Tanaka *et al.*, *Chem. Phys. Phys. Chem.*, **13**, 4928 (2011) ; 日油，特許 5044993 (2012).

[3] 中村賢一，森穂高，『日本接着学会誌』, **50** (7), 229 (2014).

[4] 早稲田大学・東レ，特開 2017-061598.

［35］T. Todorov, L. Nikolova, N. Tomova, *Appl. Opt.*, **23**, 4309（1984）.

［36］P. Rochon, J. Gosselin, A. Natansohn, S. Xie, *Appl. Phys. Lett.*, **60**, 4（1992）.

［37］J. Stumpe, L. Müller, D. Kreysig, R. Ruhmann *et al.*, *Makromol Chem, Rapid Commun.*, **12**, 81（1991）.

［38］J. G. Meier, R. Ruhmann, J. Stumpe, *Macromolecules*, **33**, 843（2000）.

［39］T. Ikeda, *J. Mater. Chem.*, **13**, 2037（2003）.

［40］川月喜弘，小野浩司，『液晶』，**7**（4），332（2003）.

［41］K. Ichimura, S. Morino, H. Akiyama, *Appl. Phys. Lett.*, **73**, 921（1998）.

［42］W. M. Gibbons, P. J. Shannon, S.-T. Sun, B. J. Swetlin, *Nature*, **351**, 49（1991）.

［43］Y. Kawanishi, T. Tamaki, T. Seki, K. Ichimura *et al.*, *Langmuir*, **8**, 2601（1992）.

［44］M. Schadt, K. Schmitt, V. Kozinkov, V. Chigrinov, *Jpn. J. Appl. Phys.*, **31**（Part 1），2155（1992）

［45］Y. Kawanishi, Y. Suzuki, K. Ichimura et al., *J. Photochem. Photobiol. A: Chem.*, **80**, 433（1994）.

［46］宮地弘一，『液晶』，**17**，104（2013）.

［47］冨岡靖，園田英博，廣田武徳，國松登，『液晶』，**20**，19（2016）.

［48］長谷川雅樹，『液晶』，**3**，3-16（1999）.

［49］竹内安正，『液晶』，**3**，262（1999）.

［50］A. Akiyama, H. Takatsu, V. Chigrinov *et al.*, *Liq. Cryst.*, **29**, 1321（2002）.

［51］V. Chigrinov, H.-S. Kwok, H. Takada, H. Takatsu, *Liq. Cryst. Today*, **14**, 1（2005）.

［52］O. Yaroshchuk, L. Ho, V. Chigrinov, H.-S. Kwok, *Jpn. J. Appl. Phys.*, **46**（5A），2995（2007）.

［53］M. Wang, Y. Li, H. Yokoyama, *Nat. Commun.*, **8**, 388（2017）.

［54］T. Du, J. Schneider, A. K. Srivastava, V. Chigrinov, H.-S. Kwok *et al.*, *ACS Nano.*, **9**, 11049（2015）.

［55］J. Schneider, W. Zhang, A. K. Srivastava, V. Chigrinov, H.-S. Kwok, A. L. Rogach, *Nano Lett.*, **17**, 3133（2017）.

［56］M. Matsumori, Y. Tomioka, T. Fukushima *et al.*, *ACS Appl. Mater. Interfaces*, **7**, 11074（2015）.

［57］S. Nagano, *Chem. Rec.*, **16**, 378（2016）.

［58］S. Nagano, *Langmuir*, **35**, 5673（2019）.

［59］H. Kasten, G. Strobl, *J. Chem. Phys.*, **103**, 6768（1995）.

［60］M. Sadati, N. L. Abbott, J. J. de Publo *et al.*, *J. Am. Chem. Soc.*, **139**, 3841（2017）.

［61］K. Fukuhara, , M. Hara, S. Nagano, T. Seki *et al.*, *Angew. Chem. Int. Ed.*, **52**, 5988（2013）.

［62］ K. Fukuhara, S. Nagano, M. Hara, T. Seki, *Nat. Commun.*, **5**, 3320（2014）.

［63］ M. Komura, A. Yoshitake, H. Komiyama, T. Iyoda, *Macromolecules*, **48**, 672（2015）.

［64］ T. Nakai, D. Tanaka, M. Hara, S. Nagano, T. Seki, *Langmuir*, **32**, 909（2016）.

［65］ D. Tanaka, Y. Nagashima, M. Hara, S. Nagano, T. Seki, *Langmuir*, **31**, 11379（2015）.

［66］ K. Beppu, Y. Nagashima, M. Hara, S. Nagano, T. Seki, *Macromol. Rapid Commun.*, **38**, 1600659（2017）.

［67］ R. Imanishi, Y. Nagashima, M. Hara, S. Nagano, T. Seki, *Chem. Lett.*, **48**, 98（2019）.

［68］ N. Kawatsuki, K. Miyake, M. Kondo, *ACS Macro Lett.*, **4**, 764（2015）.

［69］ K. Miyake, H. Ikoma, M. Okada, S. Matsui, M. Kondo, N. Kawatsuki, *ACS Macro Lett.*, **5**, 761（2016）.

［70］N. Kawatsuki, R. Fujii, Y. Fujioka, S. Minami, M. Kondo. *Langmuir*, **33**, 2427（2017）.

第3章

液晶の光配向―多様な展開―

　前章では，典型的なネマチック液晶の表面光配向をおもに扱ったが，光配向はさまざまな物質に展開でき，その手法も多様に広がっていることを紹介しよう．

3.1　液晶物質の拡張

3.1.1　ほかのサーモトロピック液晶系

　サーモトロピック（温度転移型）液晶物質に関しては市村らにより，ネマチック液晶だけでなく，コレステリック液晶［1］やディスコチック液晶［2,3］の光配向も可能であることが示されている．ディスコチック液晶の一例を図3.1に示す．313 nm 光を斜めから照射し熱処理することでチルトしたアゾベンゼン薄膜を形成でき，チルトしたディスコチックネマチック状態を作ることができる．また，直線偏光を照射することでホメオトロピック配向が形成される（円盤状液晶分子の場合，ディレクターは円盤に垂直）［2］．ケイ皮酸ポリマーを用いた検討も進められている［3］．

3.1.2　リオトロピック液晶系

　溶媒（おもに水）を介するリオトロピック（濃度転移型）液晶系についても，たとえば図3.2に示す色素や薬物でリオトロピック液

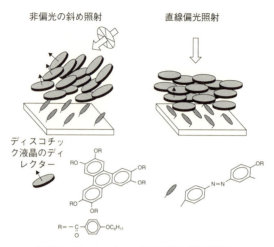

図 3.1 ディスコチック液晶分子の表面光配向
[2] K. Ichimura, S. Furumi, M. Nakagawa, M. Ogawa, Y. Nishiura et al., Adv. Mater., **12**, 950（2000）より.

晶状態を通じて表面光配向が可能であることが市村らにより示されている [4〜7].

ポリアミドを主鎖とするアゾベンゼン側鎖高分子を光配向剤とすることで，Direct blue 67（図 3.2）のクロモニック液晶を高配向に光配向できる．光パターニングによる配向の作り分けも可能であり，パターンを行って乾燥させた膜は偏光光学素子として機能し，立体視ディスプレイへの応用が試みられた研究例もある（図 3.3）[7].

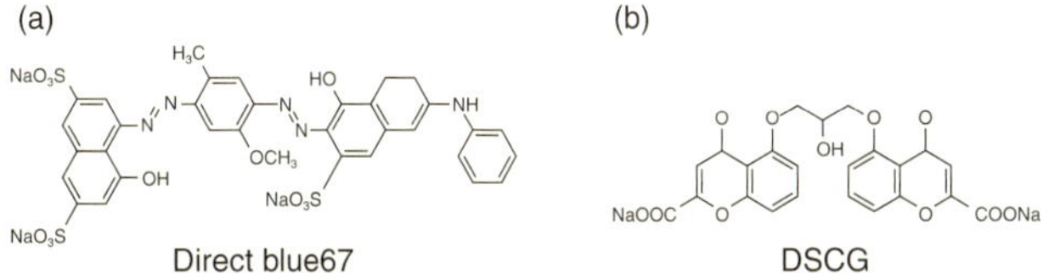

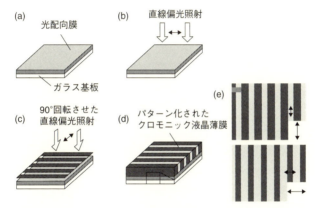

図3.2 光配向可能な水系リオトロピック液晶物質の例
クロモニック色素 (a) と (b) 薬物 (DSCG；抗ぜんそく剤)

図3.3 リオトロピッククロモニック液晶を光配向させて得られる配向パターン薄膜

[7] D. Matsunaga, T. Tamaki, H. Akiyama, K. Ichimura, *Adv. Mater.*, **14**, 1477 (2002) より．(e) の矢印は偏光方向．

3.2 メソ組織体材料

典型的なメソ組織材料は，界面活性剤が形成するリオトロピック液晶の構造を鋳型としてゾル-ゲル法にてマトリックスを固め，界面活性剤を除去することでメソポーラス材料が形成される．リオト

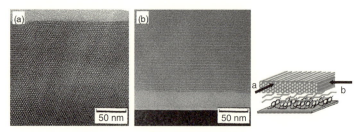

図 3.4 リオトロピック系メソ組織体の光配向
[8] Y. Kawashima, M. Nakagawa, K. Ichimura, T. Seki, *J. Mater. Chem*., **14**, 328 (2004) より. アゾベンゼン LB 単分子膜の光配向情報の二段の増幅転写を介して得た配向性メソ組織体の透過型電子顕微鏡像（a, b は観測した方向を示す）.

ロピック液晶構造が光配向することから，メソ組織材料も光で配向させうると期待できる．実際には，たとえば水溶液系で光配向膜の配向が失われないように，アゾベンゼン LB 単分子膜の光配向情報をいったん別のポリマー膜に固定して配向転写するか [8]，安定な光架橋型の液晶高分子の配向膜を用いることで [9]，水系のリオトロピック液晶-ゾル系を配向させておき，さらに酸触媒でゾル-ゲル反応を進行させる．図 3.4 にその透過型電子顕微鏡観測の一例を示す．クロモニック色素集合体とシリカのハイブリッド材料を表面光配向させることもでき，その光パターニングも可能である [10, 11]．

図 3.5 に示すアミン塩酸塩を有するポリシロキサンは高い吸水性を示し主鎖が柔軟なために，界面活性剤とのハイブリッド材料の薄膜では，水溶液中の界面活性剤（CTAB）のリオトロピック状態をほぼそのまま反映した形態構造を与える．したがって，CTAB の相図に従ってハイブリッドも湿度変化で結晶ラメラ相とヘキサゴナル相との間で可逆的な形態転移を起こす．たとえば，ヘキサゴナル形

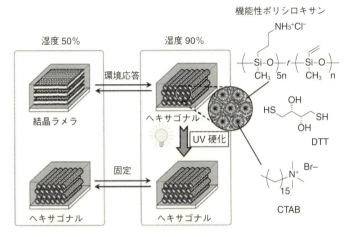

図 3.5 湿度に鋭敏に応答して構造を変えるメソ組織体と光硬化
[12] M. Hara, T. Orito, S. Nagano, T. Seki, *Chem. Commun.*, **54**, 1457（2018）より.

態の際に水相のポリシロキサンのビニル基とジチオスレイトール（DTT）間の光架橋反応を行うことで，その時点で湿度応答がなくなり，結晶ラメラに戻らなくなる［12, 13］．ゾル-ゲル反応を用いるメソ組織体合成はよく知られたプロセスであるが，必要なメソ組織形態を得るためには，溶液濃度調製条件をあらかじめ整えるのが定法である．それに対して，この手法は，成膜した後に自由に構造を変え，必要な構造で固化させる新たなメソ組織膜調製の方法となる．

3.3 ワイゲルト効果—さらなる展開—

3.3.1 三重項増感

　通常ワイゲルト効果のほとんどは直接光で励起する手法（直接励起）に対する効果として知られる．一方，フォトポリマー技術にて重要な役割を果たす三重項増感，すなわちデキスター機構（電子交換機構）を経由してもワイゲルト効果は発現するのだろうか．古海・市村により，三重項増感プロセスを経ても直線偏光照射にて異方的な構造誘起がもたらされることが示されている [14, 15]．図3.6 に示すケイ皮酸ポリマー（pMCi）は 365 nm の光は吸収しないが，そこに三重項増感剤の MK（Michler's Keton）を混合しておくと 365 nm 光を効率的に吸収するようになる．MK の三重項エネル

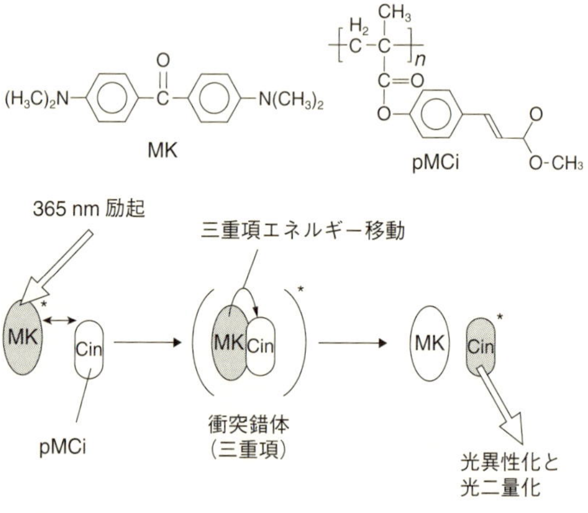

図 3.6　三重項エネルギー移動を介したワイゲルト効果

[14] S. Furumi, K. Ichimura. *Appl. Phys. Lett.*, **85**, 224 (2004), [15] S. Furumi, K. Ichimura, *Phys. Chem. Chem. Phys.*, **13**, 4919 (2011) より.

ギーが電子交換機構によってケイ皮酸ポリマーが励起される．この際，365 nm の直線偏光を用いると，その方位情報を保持したまま光異性化反応あるいは光二量化が進行し，これを配向膜とすると偏光の垂直方向を反映してネマチック液晶が配向する．エネルギー移動は配向膜中で配向緩和が起こる前の短時間内に起こり，方位情報が保持される．

Swager ら [16] も同様な現象を観測しており，高分子鎖内に導入したベンゾフェノンを増感剤とし，高分子鎖内で三重項増感反応にて di-π-メタン転位反応を行った．この際，直線偏光を用いると増感反応が異方的に進行し，これを光配向膜として用いてネマチック液晶のホモジニアス配向を得ている．

3.3.2　キラリティー誘起

材料中のキラリティーは，構成する分子そのものにキラル部位があるか，キラル部位がなくても材料中にキラルな超構造をもつ場合に現れる．ワイゲルト効果で材料中にキラリティー構造を誘起する検討が行われている．

照射する光として回転する光（円偏光）を利用し，分子構造的にアキラルなアゾベンゼンポリマーの薄膜膜中に円偏光を照射することでらせん構造を誘起できることが，1997 年デンマークの Nikolova ら [17, 18] より示された（化学式図 3.7）．側鎖型のアゾベンゼンのポリマー膜に 488 nm の円偏光を照射することで，膜にコレステリック液晶膜のような光学活性が誘起されることが見出された．また，Natansohn ら [19] はスメクチック相を形成する側鎖型アゾベンゼンの液晶高分子膜に円偏光を照射することで，同様に TBG 相のような構造が膜中に形成されると報告した．右回転の円偏光では右巻き超構造ヘリックスが形成され，続いて左回転の円偏光を照

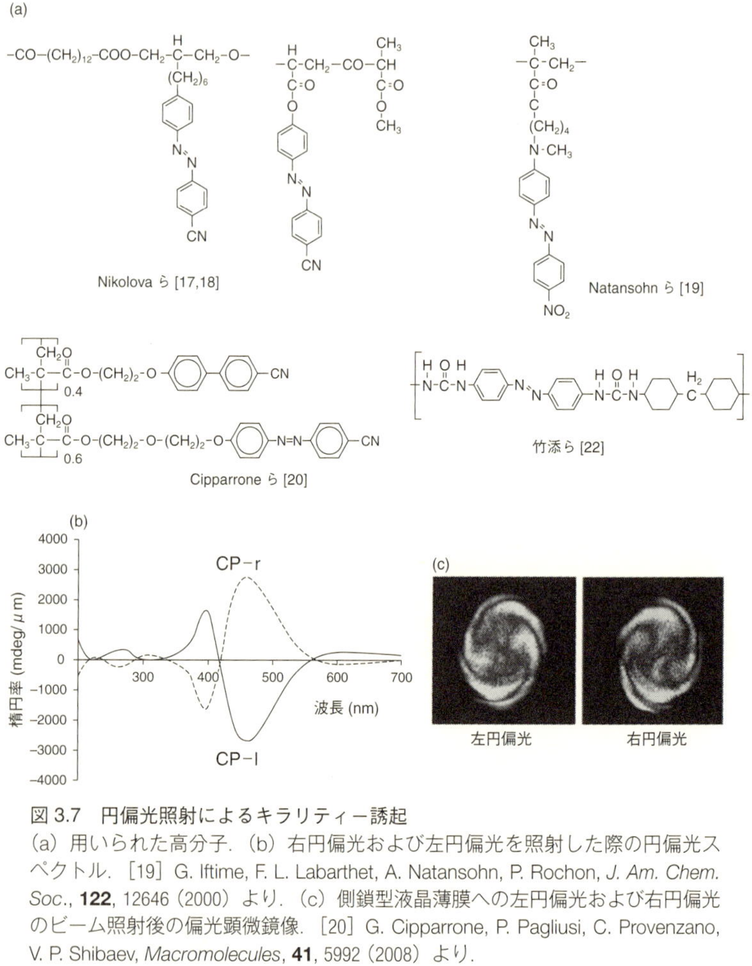

46　第3章　液晶の光配向―多様な展開―

(a)

Nikolova ら [17,18]

Natansohn ら [19]

Cipparrone ら [20]

竹添ら [22]

(b)

(c)

左円偏光　　右円偏光

図3.7　円偏光照射によるキラリティー誘起
(a) 用いられた高分子. (b) 右円偏光および左円偏光を照射した際の円偏光スペクトル. [19] G. Iftime, F. L. Labarthet, A. Natansohn, P. Rochon, *J. Am. Chem. Soc.*, **122**, 12646 (2000) より. (c) 側鎖型液晶薄膜への左円偏光および右円偏光のビーム照射後の偏光顕微鏡像. [20] G. Cipparrone, P. Pagliusi, C. Provenzano, V. P. Shibaev, *Macromolecules*, **41**, 5992 (2008) より.

射することで，いったんそれまでの構造が壊され新たに左巻き超構

造ヘリックス構造が形成される．また，Cipparrone ら [20] によっても同様な観測がされている．さらに，バナナ型アゾベンゼン液晶 [21] や主鎖にアゾベンゼンを導入したポリマー [22]（図 3.7a）膜への円偏光照射の効果も検討されている．主鎖型の場合は，アゾベンゼン部分の動きは強く束縛されているため，効果的な光学活性構造誘起は考えにくい．この場合，すでに膜中に存在しているラセミキラリティーが円偏光照射でどちらかに偏ると解釈されている [22,23]．図 3.7(b) には，右円偏光および左円偏光照射後に観測される円二色性スペクトル [19]，図 3.7(c) にはレーザービーム照射で観測される偏光顕微鏡像の例 [20] を示している．アキラルな高分子物質の薄膜へ，スペクトルにも複屈折模様にも対称的な効果を誘起できることがわかる．

　地球上にどのようにキラリティーが発生して生物の組織が形成されたかは人類のもつ永遠の疑問といってよい．市村・Han は [24]，地球上から見た太陽の回転運動が材料中にキラリティーを誘起できる興味深い例を示した（絶対不斉誘起）．アゾベンゼンを側鎖にもつ液晶ポリマーを水平に置き，光学フィルターで $n\pi^*$ 遷移を励起する波長の光を選択し，太陽の動きとともに膜内に誘起されるアゾベンゼンの方位を観測したところ，太陽が一番高くなる（方位角が大きくなる）正午に膜の深い位置で斜め照射に応じた分子配向が誘起され，夕方へ向かうにつれ太陽が位置を変えるとともに方位角が小さくなり，表面近くの分子配向を誘起する（図 3.8）．太陽光の膜中への光の侵入深さと位置の数時間の回転により，北半球では膜中に左巻きヘリカル構造が誘起される．

48   第3章 液晶の光配向—多様な展開—

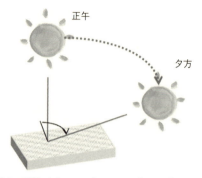

図3.8 太陽の動きで誘起されるアゾベンゼン高分子膜へのキラリティー誘起（絶対不斉誘起への示唆）
[24] K. Ichimura, M. Han, *Chem. Lett.*, **29**, 286 (2000) より.

3.4 ブロック共重合体の配向制御

　ネマチック液晶の自己集合方位をラビングあるいは光配向により容易に表面配向させうることで，液晶ディスプレイ技術が可能となっている．ブロック共重合体が自己集合的に形成するミクロ相分離構造（典型的には 10～100 nm 周期）に対しても，意のままに配向させる技術があれば，材料ナノテクノロジーに新たな技術が導入されると期待できる．特にこのミクロ相分離構造を鋳型として無機材料や半導体の形態を加工するブロック共重合体リソグラフィーの研究が精力的に進められている．最近では 10 nm を下回る周期のミクロ相分離構造も作製されるようになっている．一方，フォトリソグラフィーの微細加工も 10 nm を下回るレベルに到達しつつあり，単純にフォトリソグラフィーの延長線上にブロック共重合体リソグラフィーが位置づけられるかどうかについては不透明感はあるが，メソスコピック領域の規則構造を高分子設計からボトムアップ

3.4 ブロック共重合体の配向制御　*49*

型で制御できる技術は，将来へ向けての発展が期待できよう．

　ブロック共重合体が形成するミクロ相分離構造をいかに配向させるかは，流動の利用，電場や磁場の利用，基板の表面形状や表面の化学的特性により配向させる手法が用いられてきた [25]．ミクロ相分離構造形成の方位や位置を人為操作により制御する手法は誘導自己組織化（directed self-assembly；DSA）と呼ばれるが，特に基板の表面のガイドパターンを利用する手法は高い精度での制御が可能であり，当分野の研究の中心を担ってきた [26]．

　ミクロ相分離構造の配向制御の多くは液晶物質の配向制御の手法と共通している．光配向手法をブロック共重合体の配向制御に適用できると期待され，実際に 2006 年に関・永野 [27, 28] と Yu・池田ら [29] によりアゾベンゼン分子を導入した液晶性ブロック共重合体にて光配向させうることが示された．分子配向を誘起するのに適切な温度にて直線偏光照射を施すことで，ミクロ相分離構造も配向させうることが示された．

　これらの光配向制御では，基板表面に配向情報がないために，別の方位の直線偏光で構造を再配向できることが特徴である．図 3.9 に一例を示す．ポリスチレンを片ブロック鎖としたアゾベンゼン液晶高分子を有するジブロック共重合体のミクロ相分離のシリンダー構造は，偏光照射で偏光の電場方向の垂直方向へ，また，それと直行する直線偏光を用いることで，その変更方位に対応する方向へ再配向する．さらに，垂直方向の非偏光を照射することで垂直配向が誘起される [28]．

　アモルファスブロック鎖をポリスチレン（T_g：ガラス転移温度≅100℃）からポリブチルメタクリレート（PBMA；$T_g \cong 20$℃）に置き換えることで，放射光施設の X 線にて構造変化のリアルタイム観測が可能となる [30]．この場合，直線偏光の方位を面内に 90°

スイッチさせることで観測される．この観測結果から，スメクチック液晶構造と階層構造の大きいPBMA鎖のシリンダー構造の配向変化は同時に進行することがわかり，階層構造間での構造形成には強い協同性が発現する[30]．配向の中間状態ではミクロ相分離が消滅するのではなく，相分離構造を保ったまま，1 µm以下のサイズレベルのドメインに分割され，それらが回転しながら次の配向状態へと変化する．すなわち，ミクロ相分離状態は中間状態で消滅しない．プロセスは3段階に分けられ，ステージ1：小ドメインへと分割されるがまだ配向変化に至らない誘導期，ステージ2：すべて

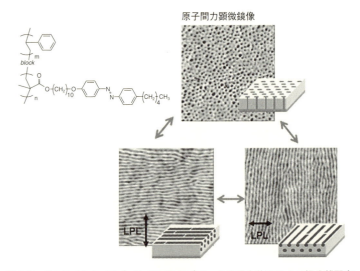

図3.9 ポリスチレン-アゾベンゼン液晶ブロック共重合体のミクロ相分離配向の光制御
水平の配向変換は直線偏光で，垂直配向への変換は非偏光照射の垂直照射で得られる．LPL：直線偏光．[28] Y. Morikawa, T. Kondo, S. Nagano, T. Seki, *Chem. Mater.*, **19**, 1540（2007）より．

の階層構造の方向が一気に変わる方位変換期,ステージ3:方位変換後に小ドメインが融着する収束期を経て進む,こともわかってきた(図3.10)[31].

Schenningらはシロキサンオリゴマーのように柔軟な置換基を導入した液晶性アゾベンゼン誘導体を合成し,5 nm周期のシリンダー構造を形成させた[32].直線偏光の照射により,欠陥のない極めて高秩序な5 nmの特性サイズの光配向形成に成功している(図3.11).

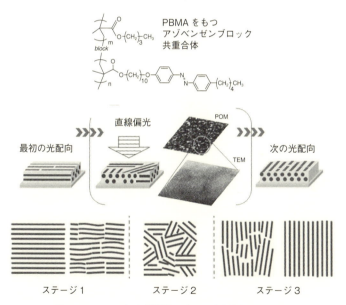

図3.10 ミクロ相分離構造の光再配向挙動過程の詳細
[31] M. Sano, S. Nakamura, M. Hara, S. Nagano, Y. Shinohara, Y. Amemiya, T. Seki, *Macromolecules*, **47**, 7178 (2014) より.

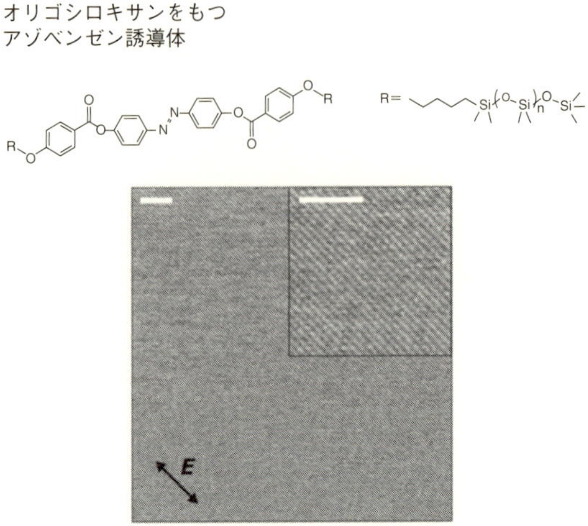

52   第3章　液晶の光配向—多様な展開—

オリゴシロキサンをもつ
アゾベンゼン誘導体

図3.11　オリゴシロキサンを有するアゾベンゼン誘導体薄膜における光配向
5 nm の特性サイズの構造を大面積に欠陥なしに配向させることができる（白線
は 50 nm）[32] K. Nickmans, G. M. Bögels, A. H. J. Schenning et al., Small, **13**,
1701043 (2017) より.

3.5　表面グラフト鎖

　高分子鎖の片末端を基板表面に結合させる表面グラフト鎖では，
第1章で述べた一般的な薄膜とは異なる特異な分子配向をとる．表
面開始リビングラジカル重合などで高密度に高分子鎖を基板に結合
させることで高分子ブラシ構造を構築できる [33]．図3.12のよう
に高分子の側鎖に棒状液晶メソゲンを導入すると，メソゲンを基板
面に対して水平に配向させることができる．アゾベンゼンを光異性
化させるうえでの遷移モーメントはアゾベンゼンの長軸とほぼ平行
であるので，この配向は，光配向操作を行う上で有利であり，直線
偏光を用いて面内に高い秩序でメソゲンを配向させることができる

[34, 35]. これらの側鎖型液晶高分子と基板との間に柔軟なアモルファス高分子鎖のスペーサーを導入することもでき，この場合基板の束縛から分子運動を解放させることができ，配向度をさらに向上させることもできる [36, 37]. その際，ガラス転移温度の低いポリマーほど効果が高い.

高密度ブラシ鎖は通常表面開始リビング重合で調製されるが，アモルファス高分子膜に同種の高分子鎖と側鎖液晶高分子からなるブロック共重合体を少量混合しておき，下地の高分子の T_g 以上の温度で熱処理を行うとブロック共重合体が表面偏析する. この際，液晶分子の自己組織化（より正確には集合化）を介して上記の合成手法と同等な高密度ブラシが形成される（図3.13）[38]. 高分子ブラシ中主鎖はオールトランスジグザグ鎖の 80% 程度まで高度に延伸される. ブロック共重合体の片ブロック鎖はアンカリング鎖として作用し，側方運動によって，液晶側鎖の自己組織化で主鎖が高度

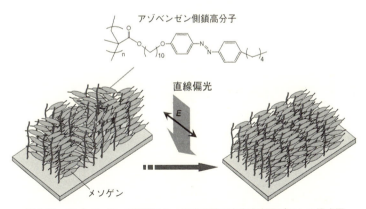

図 3.12 アゾベンゼンを側鎖にもつ高分子鎖の高密度表面ブラシの模式図
[35] T. Uekusa, S. Nagano, T. Seki, *Macromolecules*, **42**, 312 (2009) より. プラナー配向により効率的な光配向が可能となる.

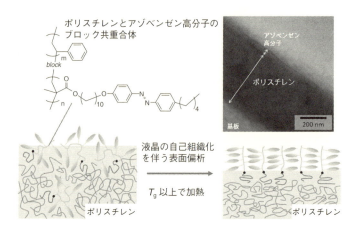

図 3.13 アモルファス高分子膜上に形成される液晶性ブロック共重合体の表面偏析膜

模式図と断面のTEM像（右上）．[38] K. Mukai, M. Hara, S. Nagano, T. Seki, *Angew. Chem. Int. Ed.*, **55**, 14028 (2016) より．

に垂直配向する．この表面偏析高分子ブラシ膜においても図3.12のような高度な面内光配向が可能である．

3.6 光異性化を介さない液晶配向変化

ここまで光異性化や光二量化など，光化学反応を示す分子による光配向制御を述べてきた．こうしたワイゲルト効果によらない光配向制御にも触れておこう．

3.6.1 光フレデリクス転移

フレデリクス転移（Freedericksz transition）とは，外部場（磁場や電場）によってある閾値以上で，ネマチック液晶セル中の配向が

転移する現象で，液晶表示素子を作動させる上でこの効果は極めて重要である．ある閾値以上の光を照射すると液晶分子が再配向することも知られており，光フレデリクス転移（optical Freedericksz transition）とも呼ばれている．

従来光フレデリクス転移は 1000 W/cm^2 レベルの強度の強いレーザー光をネマチック液晶セルに照射することで観測されるものであった．このとき，液晶分子はすでに述べたワイゲルト効果とは異なり，光の電場ベクトルに平行に配向しようとする．ホメオトロピック配向のネマチック液晶セルを作製しておき，強いレーザー光を照射すると照射部分のみにプラナー配向が誘起される．液晶セルにアントラキノン色素を添加（ドープ）するとこの効果は桁違いに顕著となり，数 10 W/cm^2 の光でもこの効果が観測されることが 1991 年に Jánossy ら [39] により見出され，池田ら [40] も 2000 年にさらにこの効果が顕著に観測されるオリゴチオフェン液晶をドープした系を報告した（図 3.14）．これらの色素は光異性化を示さず，光物理プロセスによる配向変化である．色素が光励起されることによって分子双極子が増強され，これが分子配向変化のトルク

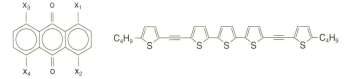

図 3.14　低光量で光フレデリクス転移を誘起する色素
[39] I. Jánossy, A. D. Lloyd, *Mol. Cryst. Liq. Cryst.*, **203**, 77（1991），[40] H. Zhang, A. Shishido, A. Kanazawa, O. Tsutsumi, T. Shiono, T. Ikeda, *Adv. Mater.*, **12**, 1336（2000）より．

56　第3章　液晶の光配向―多様な展開―

を発生させると考えられているが，正確な理解には至っていない．
簡便にこの効果を観測するには，ホメオトロピック配向の液晶セル
を作っておき，強度がガウス分布レーザービームを照射する．光照
射された部分の液晶配向が変化し，干渉リングとして観測される
（この現象は self-focusing と呼ばれる）．

　宍戸らは，この現象に対して，高分子で液晶を安定化させた材料
ではさらに閾値が小さく数 mW/cm^2 レベルとなることを見出した
[41]．ホメオトロピック配向とプラナー配向をもたらす基板で挟

コラム4

アゾベンゼン

　無置換アゾベンゼンの最初の合成は Demselben の 1834 年の論文にさかのぼ
る [1]．このとき，元素組成と融点のみ示されており，構造は不明であった．
アゾ染料の合成法で革新的なステップはジアゾカップリング反応の発見であ
る．この反応を発見したグリース（Johann Peter Griess）の誕生日は 1829 年 9
月 6 日で，奇しくもベンゼンの六員環構造を提唱したケクレ（August Kekule）
の誕生日の前日である．グリースはドイツ化学会の創立者であるホフマン
（August W. von Hofmann）の助手として働き，ジアゾカップリング反応を
1864 年に報告した．ケクレがベンゼンの六員環構造を提唱した論文が 1866 年
であるから，この時点でもグリースはベンゼン環構造の明確なイメージがない
まま反応を発表していたのかもしれない．アゾ染料は現在合成染料全体の半数
以上の生産量があり，また，現在アゾベンゼン誘導体の光異性化を利用した最
先端の研究が今も活発に進んでいること考えると，この 150 年以上前に見出さ
れたカップリング反応が人類に与えた恩恵の大きさは計り知れない．1900 年
以降のフォトクロミック分子を扱った論文数を Web of Science で検索すると
2 万件を超えるが，そのうちの 6 割がアゾベンゼン関係である（さらにその半
数以上は最近 10 年で発表されたものであり，いまなおホットな分子である）．

3.6 光異性化を介さない液晶配向変化　　*57*

み込んだハイブリッドセルを用いると，市販のレーザーポインターの弱い光量でも，この効果の証拠となる同心円状の干渉模様が観測される［42］．こうした非線形な光学効果は，光強度を認識して減光するようなスマート材料構築への応用が期待される．

3.6.2　分子振動励起による配向

　円盤状分子の配向について，偏光赤外光で分子振動を与えることで分子配向を誘起できることが物部・清水らにより示されている

グリースの存命時にノーベル賞があれば，間違いなく受賞対象となったであろう．

　現在アゾベンゼンが研究の花形分子となっているのは，光照射によりクリアなトランス–シス幾何異化反応が起きるためであり，この光異性化は今から約80年前の1937年に英国のHartleyにより発見された［2］．発端はアゾベンゼンの溶液を太陽の光にさらした際，諸物性に再現性が得られなくなったことにある．1900年以降現在まででazobenzene(s)で論文数を検索すると，トップ10のうち6名は日本人である．合成法と光異性化の発見はヨーロッパであるが，材料化学の方向性で日本人研究者がアゾベンゼンと関わる化学の太い流れを作ったといってもよい．しかし，アゾベンゼンポリマーの光誘起表面レリーフ形成などの研究で1990年代に活躍されたA. Natansohn教授（カナダQueens大学）とS. Tripathy教授（米国，UMASS Lowell）の多大な貢献を忘れてはならない（4.3節参照）．誠に残念ながら，両教授は研究で最も勢いのある時期に早世された．もし両教授が生きておられたら，アゾベンゼンの材料化学が今とは異なる方向へも発展していたかもしれない．

［1］Demselben, *Ann.Pharm.* **12**, 311（1834）.
［2］G. S. Hartley, *Nature*, **140**, 281（1937）.

---

58   第3章　液晶の光配向—多様な展開—

（図 3.15）［43, 44］．あらかじめホメオトロピック配向させた円盤
状分子膜に（円盤状分子の場合，分子面を基板に平行に配向してい
る状態がホメオトロピック配向に相当する），局所的に波長可変の
自由電子レーザーを用いてトリフェニレンコアの C＝C 伸縮振動を
励起するように自由電子レーザーによって直線赤外偏光で励起する
ことで円盤分子面が立つように再配向する（図 3.15a）．立った円
盤状分子に円偏光を照射することで，ホメオトロピック配向へと戻
すことができる（図 3.15b）．フォノンの情報を分子配向へと能動
的に変換できる点が興味深い．ちなみに熱伝導は円盤分子に平行の
方向に優先的に伝播する（第 7 章を参照）．

3.6.3　光重合を利用した分子配向

　重合反応を利用した新たな液晶分子配向法も宍戸・久野らにより
提案されている（図 3.16）［45］．この手法では，色素や偏光を用
いる必要はなく，光の動的なスキャンによって液晶配向を誘起でき
る．重合が進行することでその部分にモノマーの流れが生じ，光源
をスキャンすることで，その方向に液晶配向が誘起される．光は重
合を開始するために利用されており，ここまで述べた配向系のよう
にワイゲルト効果をもたらすための色素を必要としない．このプロ
セスは Scanning Wave Polymerization（SWaP）と呼ばれている．図
3.16 に示すように，単純な面内配向だけでなく，一点から放射状
にスキャンさせるなど，ワイゲルト効果では作りにくいパターンの
配向を作ることができる．

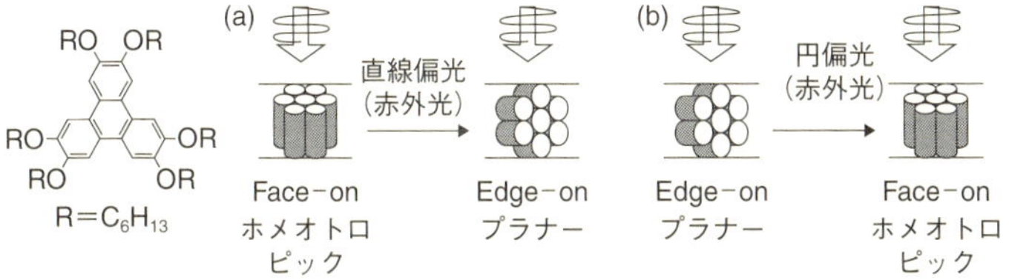

図 3.15　トリフェニレン円盤状液晶への赤外光照射による配向制御

[43] H. Monobe, K. Awazu, Y. Shimizu, *Adv. Mater.*, **12**, 1495 (2000).
[44] H. Monobe, K. Awazu, Y. Shimizu, *Adv. Mater.*, **18**, 607 (2006) より.

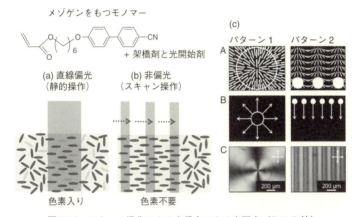

図 3.16　スキャン操作による光重合による光配向（SWaP 法）

[45] K. Hisano, M. Aizawa, M. Ishizu, N. Akamatsu N, A. Shishido *et al.*, *Sci. Adv.*, **3**, e1701610 (2017) より.（a）従来の色素による配向,（b）SWaP 法,（c）SWaP による配向パターンの例. A：液晶分子の配向模式図, B：光のスキャン方法, C：偏光顕微鏡像. 口絵 4 参照.

参考文献

[1] C. Ruslim, K. Ichimura, *Adv. Mater.*, **13**, 641 (2001).

[2] K. Ichimura, S. Furumi, M. Nakagawa, M. Ogawa, Y. Nishiura *et al.*, *Adv. Mater.*, **12**, 950 (2000).

[3] S. Furumi, K. Ichimura, *J. Phys. Chem. B.*, **111**, 1277 (2007).

[4] K. Ichimura, M. Momose, K. Kudo, H. Akiyama, N. Ishizuki, *Langmuir*, **11**, 2341 (1995).

[5] K. Ichimura, T. Fujiwara, M. Momose, D. Matsunaga, *J. Mater. Chem.*, **12**, 3380 (2002).

[6] T. Fujiwara, K. Ichimura, *J. Mater. Chem.*, **12**, 3387 (2002).

[7] D. Matsunaga, T. Tamaki, H. Akiyama, K. Ichimura, *Adv. Mater.*, **14**, 1477 (2002).

[8] Y. Kawashima, M. Nakagawa, K. Ichimura, T. Seki, *J. Mater. Chem.*, **14**, 328 (2004).

[9] H. Fukumoto, S. Nagano, N. Kawatsuki, T. Seki, *Chem. Mater.*, **18**, 1226 (2006).

[10] M. Hara, S. Nagano, N. Mizoshita, T. Seki, *Langmuir*, **23**, 12350 (2007).

[11] M. Hara, S. Nagano, N. Kawatsuki, T. Seki, *J. Mater. Chem.*, **18**, 3259 (2008).

[12] M. Hara, T. Orito, S. Nagano, T. Seki, *Chem. Commun.*, **54**, 1457 (2018).

[13] 原 光生,『高分子論文集（総説）』, **75**, 421 (2018).

[14] S. Furumi, K. Ichimura. *Appl. Phys. Lett.*, **85**, 224 (2004).

[15] S. Furumi, K. Ichimura, *Phys. Chem. Chem. Phys.*, **13**, 4919 (2011).

[16] J. R. Cox, J. H. Simpson, T. M. Swager, *J. Am. Chem. Soc.*, **135**, 640 (2013).

[17] L. Nikolova, T. Todorov, M. Ivanov, F. Andruzzi, S. Hvilsted, P. S. Ramanujam, *Opt. Mater.*, **8**, 255 (1997).

[18] L. Nikolova, L. Nedelchev, T. Todorov, P. S. Ramanujam, S. Hvilsted *et al.*, *Appl. Phys. Lett.*, **77**, 657 (2000).

[19] G. Iftime, F. L. Labarthet, A. Natansohn, P. Rochon, *J. Am. Chem. Soc.*, **122**, 12646 (2000).

[20] G. Cipparrone, P. Pagliusi, C. Provenzano, V. P. Shibaev, *Macromolecules*, **41**, 5992 (2008).

[21] S.-W. Choi, Y. Takanishi, K. Ishikawa, J. Watanabe J, H. Takezoe *et al.*, *Angew. Chem. Int. Ed.*, **45**, 1382 (2006).

[22] S.-W Choi, T. Fukuda, Y. Takanishi, K. Ishikawa, H. Takezoe, *Jpn. J. Appl. Phys.*, **45** (1S), 447 (2006).

[23] S.-W. Choi, S. Kawauchi, N. Y. Ha, H. Takezoe, *Phys. Chem. Chem. Phys.*, **9**, 3671 (2007).

3.6 光異性化を介さない液晶配向変化 *61*

[24] K. Ichimura, M. Han, *Chem. Lett.*, **29**, 286 (2000).

[25] 関隆広, 2.3節, pp. 32–42, 高分子学会 (編),『自己組織化と機能材料 (最先端材料システム One Point 3)』, 共立出版 (2012).

[26] 吉田博史,『高分子』, **60** (3), 126 (2011)

[27] Y. Morikawa, S. Nagano, K. Watanabe, K. Kamata, T. Iyoda, T. Seki, *Adv. Mater.*, **18**, 883 (2006).

[28] Y. Morikawa, T. Kondo, S. Nagano, T. Seki, *Chem. Mater.*, **19**, 1540 (2007).

[29] H. Yu, T. Iyoda, T. Ikeda, *J. Am. Chem. Soc.*, **128**, 11010 (2006).

[30] S. Nagano, Y. Koizuka, T. Murase, M. Sano, Y. Shinohara, Y. Amemiya, T. Seki. *Angew. Chem. Int. Ed.*, **51**, 5884 (2012).

[31] M. Sano, S. Nakamura, M. Hara, S. Nagano, Y. Shinohara, Y. Amemiya, T. Seki, *Macromolecules*, **47**, 7178 (2014).

[32] K. Nickmans, G. M. Bögels, A. H. J. Schenning *et al.*, *Small*, **13**, 1701043 (2017).

[33] Y. Tsujii, K. Ohno, S. Yamamoto, A. Goto, T. Fukuda, *Adv. Polym. Sci.*, **197**, 1 (2006).

[34] T. Uekusa, S. Nagano, T. Seki. *Langmuir*, **23**, 4642 (2007).

[35] T. Uekusa, S. Nagano, T. Seki, *Macromolecules*, **42**, 312 (2009).

[36] H. A. Haque, S. Nagano, T. Seki, *Macromolecules*, **45**, 6095 (2012).

[37] H. A. Haque, M. Hara, S. Nagano, T. Seki, *Macromolecules*, **46**, 8275 (2013).

[38] K. Mukai, M. Hara, S. Nagano, T. Seki, *Angew. Chem. Int. Ed.*, **55**, 14028 (2016).

[39] I. Jánossy, A. D. Lloyd, *Mol. Cryst. Liq. Cryst.*, **203**, 77 (1991).

[40] H. Zhang, A. Shishido, A. Kanazawa, O. Tsutsumi, T. Shiono, T. Ikeda, *Adv. Mater.*, **12**, 1336 (2000).

[41] Y. Aihara, M. Kinoshita, J. Wang, J. Mamiya, A. Priimagi, A. Shishido, *Adv. Opt. Mater.*, **1**, 786 (2013).

[42] J. Wang, Y. Aihara, M. Kinoshita, J. Mamiya, A. Priimagi, A. Shishido, *Sci. Rep.*, **5**, 9890 (2015).

[43] H. Monobe, K. Awazu, Y. Shimizu, *Adv. Mater.*, **12**, 1495 (2000).

[44] H. Monobe, K. Awazu, Y. Shimizu, *Adv. Mater.*, **18**, 607 (2006).

[45] K. Hisano, M. Aizawa, M. Ishizu, N. Akamatsu N, A. Shishido *et al.*, *Sci. Adv.*, **3**, e1701610 (2017).

第 4 章

光駆動特性

フォトクロミック分子は分子形状の変化を伴うので，これを極小の機械とみなすことができる．分子機械の構築は 2016 年のノーベル化学賞の受賞対象でもある．このときの選考委員長である Linze 教授は，分子機械の今後の発展の方向として，たとえば光で動くスマート材料などの創成が期待できる，と受賞者発表時のインタビューでこたえている．分子の動きを巨視的なサイズや光学顕微鏡レベルで動く材料レベルへ反映させるには分子配向制御は極めて重要である．近年入江らにより [1,2]，ジアリールエテン系のフォトクロミック結晶にて結晶のままフォトクロミック反応が起こることが発表され，さらに，そのほかのフォトクロミック分子の結晶においても光変形挙動が報告されるようになった [3]．結晶であれば，X 線による構造解析により分子の形状変化と結晶材料の変形挙動とを直接関連付けることができる．ここでは，生物の動きにより近い大きな自由度をもつソフトマテリアルである液晶高分子系を中心に眺める．

4.1 単分子膜の運動

水面に形成されるラングミュア単分子膜では，気水界面での場で分子が高度に配向するとともに，結晶化がなければ高い分子運動性

が保たれる．最も単純な2次元の運動材料を構築できる．アゾベンゼンを側鎖にもつポリビニルアルコール（PVA）は水面上で機械的に強い単分子膜を形成し，紫外光と可視光の繰り返しによって約3倍の膨張–収縮を繰り返す（図4.1）[4]．このように大きな伸縮を繰り返すのは平面内で分子配向の垂直方向に揃っているためであり，各分子の動きがそのまま分子集団の巨視的な動きへと効率的に変換できるためである．トランス体は中心の二つの窒素が互いに逆へ向くために永久双極子がゼロに近い一方で，シス体はその方向が揃うために3D（デバイ）[†]ほどになり，この部分が水面と接触する[5]．面積はトランス体とシス体の混合比で決まるが，膨潤–収縮の

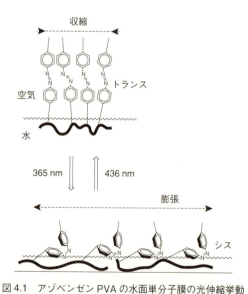

図4.1　アゾベンゼンPVAの水面単分子膜の光伸縮挙動

[4] T. Seki, T. Tamaki, *Chem. Lett*., **22**, 1739 (1993)．[5] T. Seki, H. Sekizawa, S. Morino, K. Ichimura, *J. Phys. Chem. B*, **102**, 5313 (1998) より．

動きをもたらすためには,光を照射しておく必要があり,光照射によってエネルギーを供給する必要がある [5].

4.2 液滴の運動

市村らは [6],基板表面に設けたアゾベンゼン吸着単分子膜に均一に光照射するのではなく勾配をつけた光照射により,液滴を側方に移動させることができることを示した(図 4.2).この場合,単分子膜が固体基板上に固定され液体が移動するので,単分子膜と液体の動く対象が逆転した系である.同様なアプローチは Picraux ら

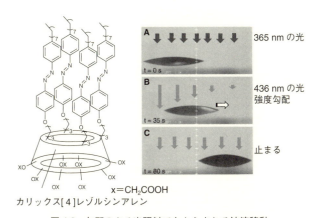

図 4.2　勾配のある光照射でもたらされる液滴移動
[6] K. Ichimura, S.-K. Oh, M. Nakagawa, *Science*, **288**, 1624 (2000) より.

---

† デバイ(D):非 SI 単位.分子の電気双極子モーメント.その大きさは 1D ≈ 3.33564×10^{-30} Cm である.このように,SI 単位の Cm は大きすぎて分子の双極子モーメントを表すのに適当ではない.(社)日本化学会(監修),(独)産業技術総合研究所計量標準総合センター(訳),『物理化学で用いられる量・単位・記号 第 3 版』,講談社(2009)より.

[7] によってもなされているが，単分子膜が界面にて高度に配向することで，アゾベンゼンの光異性化の極性変化が効果的にはたらき，液滴の移動現象へともたらされる．基板上への単分子膜はSAM法が用いられており，平面基板だけでなく，円筒のような非平面でも効果的に液体移動をさせることができる [6]．物質の移動を意のままに自由な方向へ光で遠隔操作ができる．アゾベンゼン分子が平面に対して垂直に配向しているため，効率的にこの効果が得られる．

4.3 高分子薄膜の運動

4.3.1 光物質移動

　1995年にアゾベンゼン高分子膜がアルゴンイオンレーザーの干渉露光によってその表面形状が干渉露光どおりに表面レリーフ（SRG）が形成される現象がカナダのNatanshonグループ [8] と米国のTripathyグループ [9] によって報告された（図4.3）．ここで用いられている高分子膜はアモルファス性であり，光照射前の膜中には特に分子配向はないものと考えられる．しかし，レーザー光の電気ベクトルへの方向へ強く動かされることから [10, 11]，ワイゲルト効果で触れたようなアゾベンゼンへの方位選択的な励起が，物質移動方向と関係していることは明らかである．移動のメカニズムは用いる材料によって特徴があり，統一的な解釈はされていないが，アモルファス高分子では光が強く当たった場所とそうでない場所の間に働く勾配力（電磁気学的な力）を引き金として [12]，アゾベンゼンのトランス-シスの繰り返し異性化と流動化を介してもたらされる協同的な動きと考えられることが多い．

　一方，分子配向を材料中に有する液晶高分子ではどうであろう

(a)

(b)

図 4.3 レーザー照射で誘起されたレリーフ構造
[10] K. Viswanathan, D. Y. Kim, S. Tripathy et al., J Mater. Chem., **9**, 1941 (1999) より. (a) アモルファスアゾベンゼン高分子膜にてレーザー干渉露光でもたらされるレリーフ構造と (b) ビーム露光で形成される物質移動. 直線偏光の電場方向へポリマーが移動する.

か. アゾベンゼンの側鎖型液晶高分子膜では, 桁違いに少ない光量で物質移動が誘起される [13]. 液晶高分子膜では紫外光照射の結果シス体のアゾベンゼンが蓄積される結果, 液晶性を失い, 等方相へと転移する. また, 物質移動はこの液晶相と等方相の境目で顕著である [14]. したがって, 上記のアモルファス高分子膜の場合とは, 移動のメカニズムがまったく異なる. 相転移でもたらされる移動は偏光方向の依存性がなく, 光強度のみが物質移動の効率に依存する. 移動効率は液晶高分子の転移温度に大きく依存する (図 4.4) [15].

前章では円偏光を用いた材料中のキラリティー誘起を述べたが, 回転した光の照射が運動作用に変換されるとアゾベンゼン薄膜の表面に渦巻状のレリーフが形成される. Ambrosio ら [16] はアゾベンゼン薄膜上に右巻きと左巻きのドーナッツ状のボルテックスレーザービーム光を照射して, 表面レリーフとして観測されるスパイラル状表面レリーフを得ている (図 4.5).

68   第4章 光駆動特性

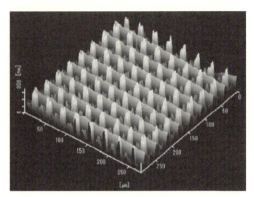

図4.4 側鎖型アゾベンゼン液晶高分子膜で観測されるレリーフ構造の例
[15] J. Isayama, S. Nagano, T. Seki, *Macromolecules*, **43**, 4105 (2010) より.

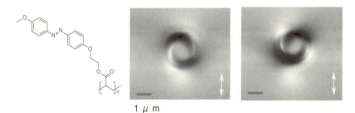

図4.5 アゾベンゼン高分子薄膜へのボルテックスレーザービーム光を照射
[16] A. Ambrosio, L. Marrucci, F. Borbone, A. Roviello, P. Maddalena, *Nat. Commun.*, **3**, 989 (2012) より.スパイラル状の表面レリーフが形成される.

　生方らは,表面レリーフ形成はアゾベンゼンポリマー膜に限られるものではなく,スピロオキサジン[17]やヘキサアリールビスイミダゾール誘導体[18]など,多様なフォトクロミック分子の薄膜で観測されることを示している.

4.3.2 分子拡散

パターン露光による物質移動とレリーフ構造形成は，アゾベンゼンの光異性化に限らず，光重合［19］や光架橋（硬化）［20～22］によってももたらされる．たとえば生方らは，純粋なポリスチレン膜に長時間紫外光をパターン照射するだけでレリーフが形成されることを報告している（図4.6）［20］．光照射で膜内が一部架橋され，局所的に分子量が大きくなるために，ポリマーの並進拡散の挙動が変わるためと考えられている．分子量の大きい方へポリマーが拡散する．パターン露光での光硬化を行うことで低分子量の物質が高分子量の領域へと拡散する現象と同様に理解できる．

4.3.3 分子配向と光レリーフ形成

液晶膜の配向に依存した膜変形現象も観測される．高分子コレステリック液晶にアゾベンゼンを加えておくと，シス型への光異性化によってコレステリックピッチが緩みこの動きがレリーフ形状へと

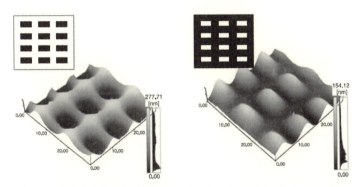

図4.6 純粋なポリスチレン膜へマスク露光して観測されるレリーフ形成
［20］T. Ubukata, Y. Moriya, Y. Yokoyama, *Polym. J.*, **44**, 966（2012）より．紫外光が照射された場所が盛り上がっている．

70　第4章　光駆動特性

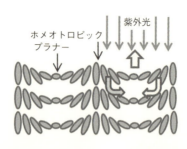

 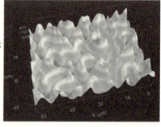

図 4.7　アゾベンゼンを導入した高分子コレステリック液晶薄膜で観測される光照射による可逆的なレリーフ構造の出現

[23] D. Liu, D. J. Broer, *Angew. Chem. Int. Ed.*, **53**, 4542 (2014) より．口絵5参照．

反映される（図4.7）[23,24]．この系では，レリーフ構造がすばやく可逆的に変化する．この凹凸の出現と消失により，この膜を2枚貼り合わせた際に摩擦特性が変化する．光を用いて基板間の接着と離脱を制御することができる．

4.3.4　光誘起マランゴニ流

流体に表面張力の勾配があると表面張力の小さな領域から大きな領域へと流れが誘起されることが古くから知られ，マランゴニ効果と呼ばれる．Ellisonらはポリスチレンやフォトポリマーの膜表面

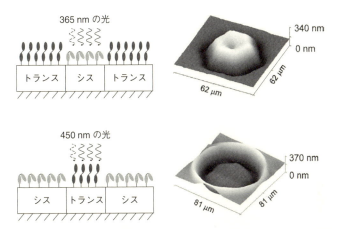

図 4.8 アゾベンゼン高分子膜への光照射に伴うマランゴニ流による物質移動
[27] C. B. Kim, R. Katsumata, C. J. Ellison *et al.*, *Macromolecules*, **49**, 7069 (2016) より.

に光により表面張力の差異を発生させ，高分子膜を加熱して軟化させてマランゴニ対流を誘起させて表面レリーフを形成させる手法を提案している（図 4.8）[25, 26]．彼らはアゾベンゼン高分子膜も用いており，光のパターン照射によってトランス-シス異性化に伴う表面張力変化を局所的に誘起し，マランゴニ効果によるレリーフを形成させている [27]．ただし，膜内部でもアゾベンゼンは光異性化して諸物性が変化しているので，彼らの実験系は膜表面に起因するマランゴニ効果だけで説明してよいかの考慮が必要である．

加熱に代わり光照射でもマランゴニ流を誘起できる．高分子膜表面にインクジェット印刷を行うと，その部分の表面張力が局所的に変わる．高分子膜としてアゾベンゼン側鎖をもつ液晶高分子膜を用いると，紫外光照射にてスメクチック液晶から等方相への光相転移

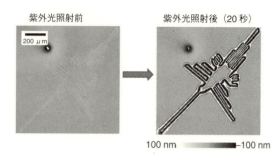

図 4.9 マランゴニ効果による光あぶり出し
側鎖型アゾベンゼン液晶薄膜へインクジェット描画(左)と紫外光を照射後(右)の形成(白色干渉顕微鏡像).[28] I. Kitamura, K. Oishi, M. Hara, S. Nagano, T. Seki, *Sci. Rep.*, **9**, 2556(2019)より.口絵6参照.

が起きる.このとき大きく粘度が低下するので,光誘起マランゴニ流が発生し,表面レリーフが形成される(図4.9)[28].すなわち,インクジェット描画を光であぶり出すことができる.4.3.1項で触れた液晶高分子膜で観測されるSRGでは表面張力の影響の考慮はされていなかった.これまで知られる液晶高分子膜系で観測されるSRG形成の結果も再考の必要性があることを強く示唆している.

4.4 高分子フィルムの光運動

前節までは単分子膜や薄膜の基板に支持された膜を紹介した.より厚い高分子膜にてさらに架橋を施すことで自己支持型の膜が調製できる.こうした自己支持型の高分子フィルムで観測される巨視的な3次元的な光変形については,ソフトロボットの創出への期待がもたれ(コラム5参照),特にここ数年の研究の勢いが目覚ましい.
研究の大きなブレークスルーは,2001年のFinkelmannら[29]

と 2003 年の池田・Yu ら [30, 31] による，架橋されたアゾベンゼ

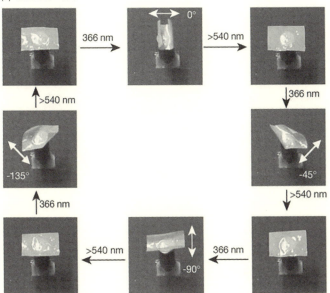

図 4.10 直編偏光の方向に依存して変形する液晶高分子薄膜
[31] Y. Yu, M. Nakano, T. Ikeda, *Nature*, **425**, 145 (2003) より.

ン高分子液晶エラストマーにて，光照射によってもたらされる巨視的な変形挙動の報告である．Finkelmann らは液晶状態で延伸させておいた架橋エラストマーフィルムに紫外光照射を施すと，高分子フィルムが約 400% 変形（収縮）することを報告した．この変化は，液晶フィルムの分子配向の秩序パラメータと相関があり，紫外光照射による配向秩序の低下とともに収縮する．一方，池田らはラビングした高分子膜表面上にアゾベンゼンの液晶高分子を光重合し，分子配向を揃え自己支持膜フィルムを調製した [30]．このフィルムに上から紫外光を照射すると，光の当たった方向へ膜が巻き上がるように屈曲する．可視光で元の形状へと戻る．屈曲するのは厚いアゾベンゼン高分子膜のうち，表層部分で選択的に光反応が進行し，光照射面側のみに相転移が進行したためである．一方，意図的に無配向の架橋アゾベンゼン高分子エラストマーフィルム（図

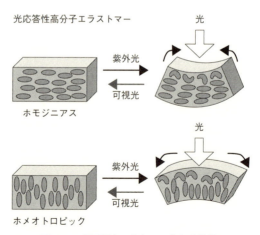

図 4.11 分子配向に依存した光変形挙動
[32] M. Kondo, Y. Yu, T. Ikeda. *Angew. Chem. Int. Ed.*, **45**, 1378 (2006) より.

4.10a）を用い，直線偏光照射を施すと，このフィルムは偏光の情報を認識し，偏光の電場方向にフィルムが屈曲する（図 4.10b）[31]．配向処理をしないと，高分子液晶膜はポリドメインを形成する．直線偏光の紫外光によってこのうち方位選択的に光反応するドメインが選択的に応答するために，偏光応答が観測される．巨視的運動効果にをもたらす興味深いワイゲルト効果といえる．

これらの膜ではメソゲンとしてのアゾベンゼンは初期状態ではフィルム面に水平に配向しているが，アゾベンゼンをホメオトロピック配向させた膜では紫外光照射によって，光照射面の反対側へ反るように変形する（図 4.11）[32]．分子配向制御が極めて重要な因子であることがわかる．4.1 節で紹介した単分子膜で見られた変形は主に分子配向の変化そのものに基づくが，これらの巨視的な変形挙動は，光相転移を伴って発現される効果であり，膜厚方向で相状態の勾配ができることが重要である．

細野らは [33]，アゾベンゼンを 3 つ直列に連結させた側鎖型液晶高分子を検討し，同様に巨視的な屈曲挙動を観測しているが，この膜は 2 枚の延伸テフロン板の間に挟んでメルト成型している．テフロン板の延伸方向が揃っているときのみに光屈曲が観測され，延伸方向が直交する際には変形はまったく観測されない．この研究例からも分子配向の制御の重要性がわかる．

当初，光による収縮および屈曲運動で研究が開始されたが，近年ではエラストマーフィルムの成型加工手法や照射方向を工夫することにより光照射にて多様なモードの運動を実現できる．振動運動 [34,35]，回転運動 [36]，ぜん動運動 [37]，ねじり運動 [38]，波の形成運動 [39] などが実現されている．

参考文献

[1] S. Kobatake, S. Takami, H. Muto, T. Ishikawa, M. Irie, *Nature*, **446**,778 (2007).

[2] M. Irie, T. Fukaminato, K. Matsuda, S. Kobatake, *Chem. Rev.*, **114**, 12174 (2014).

[3] M. Irie, Y. Yokoyama, T. Seki (eds.), *New Frontiers in Photochromism*, Tokyo, Springer (2013).

[4] T. Seki, T. Tamaki, *Chem. Lett.*, **22**, 1739 (1993).

[5] T. Seki, H. Sekizawa, S. Morino, K. Ichimura, *J. Phys. Chem. B*, **102**, 5313 (1998).

[6] K. Ichimura, S.-K. Oh, M. Nakagawa, *Science*, **288**, 1624 (2000).

[7] D. Yang, M. Piech, N. S. Bell, S. T. Picraux *et al.*, *Langmuir*, **23**, 10864 (2007).

[8] P. Rochon, E. Batalla, A. Natansohn, *Appl. Phys. Lett.*, **66**, 136 (1995).

[9] D. Y. Kim, S. K. Tripathy, L. Li, J. Kumar, *Appl. Phys. Lett.*, **66**, 1166 (1885).

[10] K. Viswanathan, D. Y. Kim, S. Tripathy *et al.*, *J Mater. Chem.*, **9**, 1941 (1999).

コラム 5

鉄腕アトムと人工筋肉

　手塚治虫原作の鉄腕アトムの誕生日は 2003 年 4 月 7 日とされる．原作の漫画が 1950 年からで，筆者も子供の頃 1966 年から放映されたアニメーションを食い入るように見ていた．今眺めると，手塚治虫先生の卓越した科学センスに感銘を受ける．鉄腕アトムの皮膚は，耐熱性高分子材料の（ケブラー繊維とカーボンファイバーを織り込んだ）人工皮革でできているとされる [1]．高分子材料であるから，最期に人工太陽に飛び込んでいった際に，変形して体が溶けてしまった．1950 から 60 年代といえば，プラスチック素材は出回っているものの，機能性高分子や高性能高分子のイメージは希薄な時代であった．実際，当時アトムとともに人気のあった英雄ロボットの鉄人 28 号の表面は鉄板でリベット（鋲打ち）だった．

　ただし，アトムの体の内部は金属素材の機械仕掛けであった．そのころの手塚先生には，プラスチック素材そのものが筋肉のように自ら動く発想は難しかったのだと思う．第 4 章では動く高分子フィルムの紹介をしたが，光に限らず熱や電場などの刺激で伸縮，屈曲，ねじるように動く高分子フィルムが数多

[11] A. Natansohn, P. Rochon, *Chem. Rev.*, **102**, 4139 (2002).

[12] J. Kumar, D. Y. Kim, S. Tripathy *et al.*, *Appl. Phys. Lett.*. **72**, 2096 (1998).

[13] T. Ubukata, T. Seki, K. Ichimura, *Adv. Mater.*, **12**, 1675 (2000).

[14] N. Zettsu, S. Nagano, T. Ubukata, T. Seki *et al.*, *Macromolecules*, **40**, 4607 (2007).

[15] J. Isayama, S. Nagano, T. Seki, *Macromolecules*, **43**, 4105 (2010).

[16] A. Ambrosio, L. Marrucci, F. Borbone, A. Roviello, P. Maddalena, *Nat. Commun.*, **3**, 989 (2012).

[17] T. Ubukata, S. Fujii, Y. Yokoyama, *J. Mater. Chem.*, **19**, 3373 (2009).

[18] A. Kikuchi, Y. Harada, M. Yagi, T. Ubukata, Y. Yokoyama, J. Abe, *Chem. Commun.*, **46**, 2262 (2010)

[19] C. Sánchez C, C. W. M. Bastiaansen, D. J. Broer *et al.*, *Adv. Mater.*, **17**, 2567 (2005).

[20] T. Ubukata, Y. Moriya, Y. Yokoyama, *Polym. J.*, **44**, 966 (2012).

く開発されつつある．分子配向技術や高度なナノ複合化を駆使したソフトマテ
リアルを用いた新しいアトムロボットの誕生はそろそろ夢見てもよいかもしれ
ない．ソフトマテリアルの変形は通常の構造材料の材料力学で理解されるもの
とは異なる挙動を示すことも明らかとなっている [2]．これまでの高分子材料
の概念に収まらない，しなやかで強靭な新しい高分子材料も誕生しており，し
なやかポリマーをボディーとした実際に道を走ることのできるコンセプトカー
が 2018 年に発表されている [3]．さらにごく最近では，負荷をかけてトレー
ニングすることでより強靭なものに成長する高分子ゲルも発表されている[4]．
ソフトマテリアル研究の今後に夢が広がる．

[1] https://ja.wikipedia.org/wiki/ 鉄腕アトム

[2] N. Akamatsu, T. Ikeda, A. Shishido *et al.*, *Sci. Rep.*, **4**, 5377 (2014).

[3] 内閣府 ImPACT プログラム，超薄膜化・強靭化「しなやかなタフポリマー
の実現」（伊藤耕三代表），http://www.jst.go.jp/impact/program/01.html

[4] T. Matsuda, T. Nakajima, J. P. Gong *et al.*, *Science*, **363**, 504 (2019).

[21] K. Aoki, K. Ichimura, *Polym. J.*, **41**, 988 (2009).

[22] N. Kawatsuki, T. Hasegawa, H. Ono, T. Tamoto, *Adv. Mater.*, **15**, 991 (2003).

[23] D. Liu, D. J. Broer, *Angew. Chem. Int. Ed.*, **53**, 4542 (2014).

[24] D. Liu, D. J. Broer, *Langmuir*, **30**, 13499 (2014).

[25] J. M. Katzenstein, C. J. Ellison *et al.*, *ACS Macro Lett.*, **1**, 1150 (2012).

[26] C. B. Kim, D. W. Janes, S. X. Zhou, A. R. Dulaney, C. J. Ellison, *Chem. Mater.*, **27**, 4538 (2015).

[27] C. B. Kim, R. Katsumata, C. J. Ellison *et al.*, *Macromolecules*, **49**, 7069 (2016).

[28] I. Kitamura, K. Oishi, M. Hara, S. Nagano, T. Seki, *Sci. Rep.*, **9**, 2556 (2019).

[29] H. Finkelmann, E. Nishikawa, G. Pereira, M. Warner, *Phys. Rev. Lett.*, **87**, 015501 (2001).

[30] T. Ikeda, M. Nakano, Y. Yu, O. Tsutsumi, A. Kanazawa, *Adv. Mater.*, **15**, 201 (2003).

[31] Y. Yu, M. Nakano, T. Ikeda, *Nature*, **425**, 145 (2003).

[32] M. Kondo, Y. Yu, T. Ikeda. *Angew. Chem. Int. Ed.*, **45**, 1378 (2006).

[33] N. Hosono, T. Fukushima, T. Aida *et al.*, *Science*, **330**, 808 (2010).

[34] S. Serak, N. Tabiryan, T. J. White, T. J. Bunning *et al.*, *Soft Matter*, **6**, 779 (2010).

[35] T. J. White, N. V. Tabiryan, S. V. Serak *et al.*, *Soft Matter*, **4**, 1796 (2008).

[36] M. Yamada, M. Kondo, J. Mamiya, Y. Yu, M. Kinoshita, C. J. Barrett, T. Ikeda, *Angew Chem. Int. Ed.*, **47**, 4986 (2008).

[37] J-a. Lv, J. Wei, Y. Yu *et al.*, *Nature*, **537**, 179 (2016).

[38] T. Ube, K. Kawasaki, T. Ikeda, *Adv. Mater.*, **28**, 8212 (2016).

[39] A. H. Gelebart E. W. Meijer, D. J. Broer *et al.*, *Nature*, **546**, 632 (2017).

第 5 章

光学特性

　液晶ディスプレイの表示の主役は液晶分子だけではない．実は偏光フィルム，光学補償フィルム，カラーフィルターなどの光学機能フィルムが重要な役割を果たしている．本章では高分子フィルムの複屈折の概要からはじめ，分子配向と本質的に関わる光学補償フィルムと偏光フィルムについて触れる．

5.1　高分子膜の複屈折

　高分子材料の光学機能に関わる複屈折について簡単に触れる．複屈折 Δn は二方向の屈折率差（$= n_1 - n_2$）によって定義される．高分子においては，分子鎖の配向や局所的な構造変化により複屈折が発生する．複屈折は以下に示すように配向，光弾性，形態の 3 つの複屈折の和となる [1, 2]．

$$\Delta n = \Delta n_\mathrm{o} + \Delta n_\mathrm{g} + \Delta n_\mathrm{f} \tag{5.1}$$

1. 配向複屈折 Δn_o：分子鎖の高分子鎖が完全に配向した際の固有複屈折に配向度を掛けたものである．表 5.1 にいくつかの高分子材料の固有複屈折を示す．ポリスチレンとポリカーボネートはどちらもベンゼン環を有するが，複屈折の符号は逆である．これは主鎖方向に対してベンゼン環がどのように配

置されるかと関係する．ポリスチレンが負の固有屈折率をもつことは芳香環が主鎖方向に対しての伸びる方向に対して，垂直に配向しやすいことを示している．ポリスチレン薄膜を表面ラビングしてネマチック液晶の配向膜とすると，液晶分子はラビング方向に垂直に配向する．側鎖であるベンゼン環の配向が液晶分子の配向に反映されているとして理解できる（図 5.1）．

2. 光弾性屈折率 Δn_g：ガラス屈折率とも呼ばれ，ポリマー固体内に応力歪が残っている場合あるいは，外部から応力を加えた場合にその応力に比例して発現する．その起源は配向屈折率と同様と考えられる．表 5.2 に代表的な高分子材料の光弾性係数を示す．芳香環や共役系の高分子ほどこの値は大きい．ポリカーボネートの光弾性係数は際立って大きい．

3. 形態複屈折 Δn_f：相分離構造中の 2 成分の屈折率差によって生じる．非相溶性高分子ブレンドやブロック共重合体のミクロ相分離などで観測される．5.4.2 項で触れる偏光フィルムの

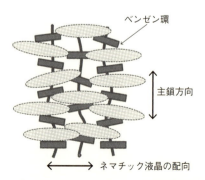

図 5.1　ポリスチレン上でのネマチック液晶配向の模式図

一種の複屈折散乱型はこの特性を利用している.

位相差は複屈折とフィルムの厚みの積でありこれが光学フィルムの性能を決める.

表 5.1　代表的な高分子材料と固有複屈折

[2] 信川省吾, 第 7 章, pp. 338-347, 『高分子の残留応力対策』, 技術情報協会 (2017) より.

	固有複屈折
ポリスチレン	−0.1
ポリカーボネート	0.106
ポリメタクリル酸メチル	−0.0043
ポリエチレンテレフタレート	0.105
ポリエチレン	0.044
セルロースアセテートプロピオネート	0.014
セルローストリアセテート	負（<−0.04）

表 5.2　代表的なポリマーと光弾性係数

[2] 信川省吾, 第 7 章, pp. 338-347, 『高分子の残留応力対策』, 技術情報協会 (2017) より.

	光弾性係数 C（$10^{-12}\mathrm{Pa}^{-1}$）
石英ガラス	0.5〜3.5
ポリメタクリル酸メチル（PMMA）	−3.8
ポリビニルアルコール（PVA）	3.4
トリアセチルセルロース（TAC）	10
ポリスチレン（PS）	10.1
ポリエチレンテレフタレート（PET）	34.3
ポリカーボネート（PC）	70〜100

82 第5章 光学特性

5.2 光学補償フィルム

　光学補償フィルム（位相差フィルム）は，液晶ディスプレイの視野角を広げるために用いられる [3, 4]．液晶ディスプレイには棒状で複屈折のある流動的な液晶分子が封入され，その配向（屈折率）を電場でスイッチして可視化しているために，眺める角度によって屈折率異方性が変化して偏光状態のずれが生じる．この変色は液晶物質を使う限り本質的な課題である．特に，液晶表示画面がテレビとして用いられ，しかも大画面となっている．そのためどの角度から眺めても色が変化しないようにするための光学補償フィルムは必須である．始まりは super twisted nematic（STN）モードと呼ばれる制御モードにおける色付きの問題を解消するために導入された．光学補償フィルムの活用に加え，一画素内に複数の方向に配向分割を施して平均化させる，光軸が面外にならないように横電場のモードを用いるなど，デバイス作製上多くの工夫もされている．液晶のテレビ画像でもスマートフォンの画面でも，今はどの角度から見てもほとんど変色が見られない．高度なフィルム技術に驚かされる．

　目的とする光学補償のために，用途によってさまざまな高分子が利用される．汎用高分子の場合は，可視光域での高い透過率が必要なことと偏光散乱がなるべく生じないように非晶質高分子が用いられる．軟化することで分子配向が緩和するため，なるべく高いガラス転移温度をもつものがよい．光学補償フィルムとして液晶高分子もよく用いられる．液晶高分子ではさらに面外方向（膜厚方向）の分子配向に勾配もたせたハイブリッド（傾斜）配向やねじれ配向を作ることができる（図 5.2）．液晶の表示モードの種類やスペックとの兼ね合いで必要とされる位相差フィルムが異なる．表示方式と

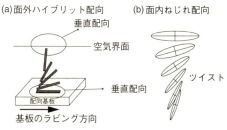

図 5.2 液晶を用いた光学補償フィルム
面外ハイブリッド配向 (a) とねじれ配向 (b).

表 5.3 液晶モードと対応する位相差フィルム
[4] 佐藤隆, 『日本ゴム協会誌』, **84** (8), 242 (2011) より.

	TN	STN	VA	IPS	透過 反透過
1 軸性位相差フィルム		○			
2 軸性位相差フィルム			○	○	
液晶フィルム (ねじれ配向)		○			
液晶フィルム (傾斜配向)	○				
1/2 波長板, 1/4 波長板					○

TN: twisted nematic, STN: super twisted nematic, VA: vertical alignment, IPS: in plane switching

位相差フィルムの種類については表 5.3 に示す. 液晶表示のモードは他書 [5] を参照されたい.

たとえば, 膜厚方向のハイブリッド配向は, TN モードと呼ばれる液晶分子を垂直/水平方向でスイッチングさせるモードで使用される. 主鎖型の液晶高分子はフィルム形状にて配向させにくいので, 側鎖型の液晶高分子を精密配向制御させたもの, あるいは円盤状低分子を精密配向させて後架橋させたもの [6] がよく知られて

84 第5章 光学特性

いる．基板付近では水平配向を，空気側界面では垂直配向させてハイブリッド構造を構築できる．

5.3 ゼロ複屈折

一方，液晶や有機 EL の表示素子の保護フィルム，光ディスク用基板，光学レンズなどでは複屈折性があっては困る．従来は，ポリマー鎖を配向させず歪ませないように成型加工する工夫がなされてきたが，その実現と最適化には限界がある．そこで，ポリマー鎖が配向しても複屈折が生じないポリマー設計と実現に向けたアプローチが重要になる．材料設計としては主に次の三つが考えられる[1]．

1. ブレンド法：正の固有複屈折をもつポリマーと負の固有複屈折をもつ無定形ポリマーをブレンドする．透明材料とするにはブレンドするポリマー同士の相溶性が必要であるため，その組み合わせは限られてくる．たとえばポリメチルメタクリレート（PMMA：負）とポリフッ化ビニリデン（正）や，PMMA（負）とポリエチレンオキシド（正）といった組み合わせが知られている．

2. ランダム共重合体法：正の複屈折を示すモノマーと負の複屈折を示すモノマーのランダム共重合体を作製する [1]．ランダム共重合体では光を散乱する相分離を生じないので，材料系を選ぶ自由度が増す．たとえばメタクリル酸メチル（MMA）とベンジルメタクリレート（BzMA）を 82：18 の比率で共重合させた高分子は任意の延伸比で複屈折率がゼロになる（図5.3）．

3. 異方性物質のドープ法：液晶分子やスチルベンなどの異方性

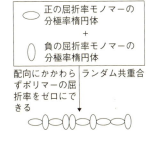
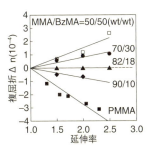

図 5.3 MMA/BzMA のランダム共重合体における延伸率と複屈折の関係
[1] 小池康博,多加谷明広(著),高分子学会(編),『フォトニクスポリマー(高分子先端材料 One Point 1)』,共立出版(2004)より.

を有する分子,あるいはナノサイズの無機結晶粒子をドープすることによりポリマーの複屈折性を相殺させる,などの手法が考えられる [1, 2].

5.4 偏光フィルム

偏光フィルムは,釣り船の上で使用するめがねや水中を空気側から撮影する際に使用するカメラ撮影に用いるフィルターなどに用いられる.しかし,我々が圧倒的に普段お世話になっているのは液晶表示素子である.産業上重要なものは,ヨウ素をドープしたポリビニルアルコール(PVA)膜を一軸延伸させた光吸収型偏光フィルムであるが,そのほかにも,光学多層偏光子,複屈折散乱体偏光子,コレステリック液晶偏光子,ワイヤグリッド偏光子,フォトニック結晶偏光子,ブリュースター角を利用した MacMeile 偏光子などがある [7].

これらのうち高分子鎖の配向が重要な吸収型と複屈折散乱型につ

いて紹介する.

5.4.1 吸収型偏光フィルム

大量かつ大きな面積で偏光を得る産業目的には，特定な方向のみ光を吸収する吸収型の偏光板が重要である．吸収しない方位の偏光が透過して直線偏光が得られる．すなわち，吸収型偏光板は分子配向制御がそのまま偏光特性へと反映される．

先述したように，現在液晶ディスプレイなどで広範に使われている偏光板は，ヨウ素水溶液中でPVA膜を延伸し架橋固定することによって得られる（図5.4）．材料系は1930年代のLandの発明によるPVA-ヨウ素錯体系がそのまま使われている（コラム6参照）．実際の偏光板では，延伸PVA膜そのものでは機械的強度，耐熱性，耐湿性に乏しいので，トリアセチルセルロース（TAC）などの工学的に等方的な透明フィルムとその外側に保護フィルムを設ける．

PVAとヨウ素が錯体を形成して青く色づくことは，古くStaudingerらが報告した（1927年）[8]．PVAの特性の一つとして

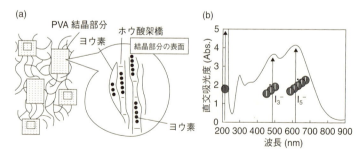

図 5.4 （a）ポリヨウ素イオンをドープした延伸PVAフィルムと（b）偏光子の直交スペクトル

[14] 済木雄二, 『日本ゴム協会誌』, **84** (8), 327 (2011).

論文中にごく簡単に触れられているが，まだ巨大分子の存在について議論が続いていたころである．延伸することによりポリヨウ素イオンが水酸基と相互作用をして青く色づくため，ヨウ素とデンプン（アミロース）における錯体形成との類似性を思い起こさせる．よく知られるように，ポリヨウ素イオン（I_3^- と I_5^-）はアミロースが形成するらせんの内側に包接するように錯体形成をする（図5.5a）[9,10]．古くは PVA も，らせんを形成して直線状のポリヨウ素イオンと錯体を形成すると考えられたこともあったが [11]，延伸 PVA 鎖がヘリックスを形成する要因は考えにくい．1993年に宮坂ら [12] と松沢ら [13] が同時期に，PVA 鎖の立体特異性が発色に重要であることを指摘した．錯体形成による発色はシンジオタクチックの PVA 鎖とポリヨウ素イオンの錯体形成によるもので，アイソタクチック PVA 鎖では発色しない [13]．すなわち，PVA 鎖に

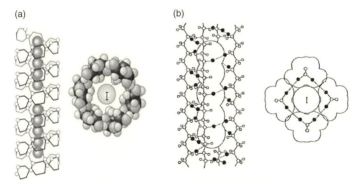

図5.5 ポリヨウ素イオンとの高分子との錯体形成
(a) アミロースのらせん [9] R. E. Rundle, R. R. Baldwin, *J. Am. Chem. Soc.*, **65**, 554 (1943). [10] R. E. Rundle, D. French, *J. Am. Chem. Soc.*, **65**, 558 (1943) と (b) シンジオタクチック PVA 鎖 [12] Y. –S. Choi, K. Miyasaka, *J. Appl. Polym. Sci.*, **48**, 313 (1993) より．

88   第5章　光学特性

アタクチック成分が増えると錯体形成能は弱まる．そして，PVA
鎖はらせんではなく，平行に伸びた PVA 鎖に囲まれるように 0.31
nm の周期をもつポリヨウ素イオンが錯体形成するモデルが提出さ
れた．宮坂らによると，ヨウ素イオンは 4 本のシンジオタクチック
PVA 鎖に囲まれるように包接する（図 5.5b）[12]．実際の用途に
は，ポリマーの立体規則性や分子量は溶解性へも影響する．また，
I_3^- と I_5^- はそれぞれ 470 nm，600 nm 付近に吸収をもつため（図
5.4b）[14]，使用する波長域も加味して，用途に応じて調製条件を
最適化していくことになる．

　フィルム中の延伸時の PVA 膜中の構造変化の詳細については意
外にも最近まで学術的知見がなかった．最近になって，兵庫県にあ
る大型放射光施設 Spring-8 にて PVA 延伸プロセスと誘起される構
造についての X 線構造解析が宮崎らにより検討された [15, 16]．X
線散乱測定では広角と小角領域が同時に観測できるので，分子レベ
ルからメソ領域へとマクロ領域の力学的変化を総括的にとらえるこ
とができる．検討された PVA フィルム試料では，70% の延伸まで
延伸方向に垂直なラメラ結晶が存在するが，約 200% 以上の延伸
でミクロフィブリル化が進み配向方向と平行な配向結晶ができる．
それとともに力学的な硬化が起こる．配向度もほぼこの延伸率で最
高値に近づく．通常のヨウ素イオンが低い濃度条件ではヨウ素イオ
ンは結晶中には入らないと考えられており，結晶フィブリル間の高

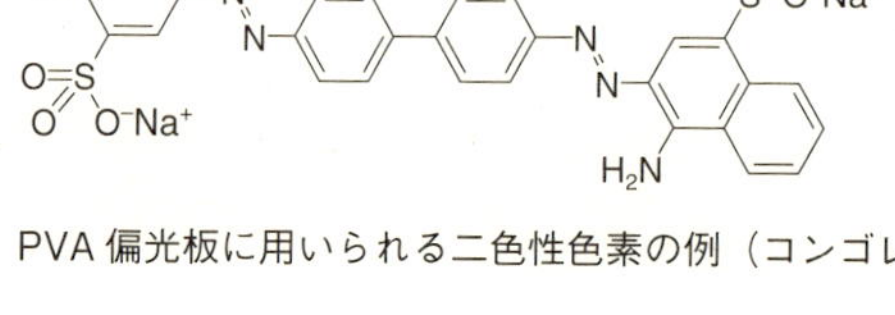

図 5.6　PVA 偏光板に用いられる二色性色素の例（コンゴレッド）

い配向性を示す非晶領域に存在すると考えられる．

PVA-ヨウ素延伸フィルムは高い偏光効率が得られるが，ヨウ素は昇華する特性をもっているので，安定性に若干劣る．そのために，昇華することのない二色性色素を PVA 中に入れ延伸した偏光フィルムも開発されている [17]．使用される色素は，たとえばコンゴレッドのような（図 5.6），棒状で長軸方向と単軸方向の吸収強度の比が大きく，水溶性で PVA と水素結合などで強く相互作用する色素が選ばれる．同様に一軸延伸によって二色性色素を配向させる．一般に PVA-ヨウ素錯体のような高い偏光効率は得られない．

5.4.2 複屈折散乱型フィルム

光吸収型偏光子では半分の光を吸収してしまうので最大の光透過

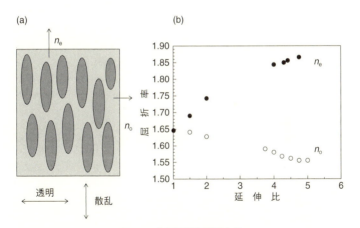

図 5.7 複屈折散乱型偏光子

[16] T. Miyazaki, A. Hoshiko, M. Akasaka, M. Sakai, Y. Takeda, S. Sakurai, *Macromolecules*, **40**, 8277 (2007) より．(a) 二種類の高分子ブレンドを延伸して得られる偏光板の例．異常屈折率（n_e）と正常屈折率（n_o）．(b) PENC の延伸比と屈折率．

90   第5章　光学特性

率は 50% である．また光吸収は熱に変換されるので，熱の発生源
ともなりうる．これに対して複屈折散乱型では高い透過率を期待で
きる．Bastiaansen ら [18] は二種類の高分子のブレンドを延伸し
て光散乱の異方性を利用した偏光子を考案した．図 5.7(a) に示す
ように海島構造をもつ高分子ブレンドを延伸する．島となる高分子

コラム 6

ヨウ素ドープ偏光シート

　毒物学者であるヘラパート（William Bird Herapath）は，キニーネを摂取し
たイヌの尿にヨウ素を落としてできた針状の結晶（発見者にちなんでヘラパタ
イト（herapatite）と呼ばれる）について研究したところ，その結晶が平行に
重なっているときには透明で，直角に重なると黒く見えることを発見した
（1852 年）．大きな結晶はできないため，1920 年代にランド（Erwin Herbert
Land）は，この結晶をセルロースアセテート溶液中に分散して流動法で結晶
軸を一軸に並べて面積の大きな偏光フィルムを作製し（17 才の頃といわれる），
この技術を基に巨大企業へと成長するポラロイド社を設立した．

　しかし，第二次世界大戦直前からマラリアの薬となるキニーネが不足したた
め生産が困難となり，ランドは光を吸収するヨウ素だけに注目し，1941 年に
H 膜とよばれるヨウ素をドープしたポリビニルアルコールの延伸フィルムを発
表した [1, 2]．もしかしたら，本文中で触れたシュタウディンガーの 1927 年
の PVA がヨウ素で着色されるとする論文情報がヒントになったのかもしれな
い．その原点である先に述べたヘラパタイトはキニーネ硫酸塩の過ヨウ化物結
晶であり，その後 80 年以上経過した 2009 年になって X 線構造解析がなされた
[3]．結晶中 I_3^- イオンを 1 次元状に高度に配置させた過ヨウ化キニーネ硫酸塩
の結晶中の見事な超分子構造に目を奪われる．ちなみに，天然資源の乏しい日
本にあって，ヨウ素は豊富にとれる．世界的にヨウ素を容易に濃縮できる場所
は限られており（日本では千葉県），生産量トップのチリと日本で世界の 90%
以上が生産されている．

成分を延伸させることで強く屈折率の異方性を誘起する（異常屈折率：n_eと正常屈折率：n_O）．一方で海となる部分は屈折率異方性を生じにくい成分を用いてn_Oと屈折率を揃えておく．このような延伸フィルムでは，延伸方向へ強く光が散乱し，その垂直方向は光が透過する．これにより延伸方向と垂直方向の偏光が透過する．たと

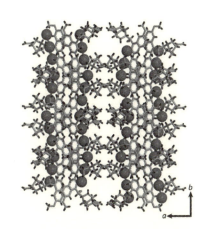

図 キニーネ硫酸塩の過ヨウ化物結晶構造
[3] B. Kahr, J. Freudenthal, S. Phillips, W. Kaminsky, *Science*, **324**, 1407（2009）より．

[1] E. H. Land, US 特許 2237567（1941）．
[2] 市村國宏．『高分子』，**65**（2），60（2016）．
[3] B. Kahr, J. Freudenthal, S. Phillips, W. Kaminsky, *Science*, **324**, 1407（2009）．

えば，連続相（海部分に用いるポリ（エチレン-2, 6-ナフタレンジカルボキシレート）（PENC）（正の固有屈折性）へ延伸することにより，図5.7(b) のように延伸方向の屈折率 (n_e) が上昇し，垂直な方向 (n_o) は減少する．分散層（島部分，約500 nm 径）に複屈折を生じないスチレンと MMA ランダム共重合体（屈折率 1.560）を用いると，延伸させることで連続相の n_o と分散相の屈折率を等しくできる．このことによって延伸方向はほとんど透過せず，垂直方向に 80% 以上の光が透過する偏光板ができる．この延伸高分子ブレンド系では散乱のコンストラストは約 1800 と報告されている．

戸谷，渡辺は [19] ブレンド膜を延伸する代わりに配向させたポリエチレンテレフタレートの延伸ファイバーを並べて，それを光硬化性樹脂のマトリックスに包埋した複合フィルムも同様に偏光子として機能することを報告した．やはり，光硬化樹脂の屈折率はファイバーの n_o と揃えてある．ファイバーの断面が三角形をした 20 µm 程度の径のファイバーが用いられており，この断面形状で光の反射を利用して偏光特性の向上が見られる．

参考文献

[1] 小池康博，多加谷明広（著），高分子学会（編），『フォトニクスポリマー（高分子先端材料 One Point 1)』，共立出版（2004).

[2] 信川省吾，第7章，pp. 338-347,『高分子の残留応力対策』，技術情報協会（2017).

[3] 内山昭彦，豊岡武裕，第4章，高分子学会（編），『ディスプレイ用材料（最先端材料システム One Point 4)』，共立出版（2012).

[4] 佐藤隆，『日本ゴム協会誌』，**84** (8)，242 (2011).

[5] 竹添秀男，宮地弘一（著），日本化学会（編），『液晶（化学の要点シリーズ 19)』，共立出版（2017).

[6] K. Kawata, *Chem. Rec.*, **2**, 59 (2002).

[7] 池田吉紀，第3章，pp. 37-48，高分子学会（編），『ディスプレイ用材料（最先端材料システム One Point 4)』，共立出版（2012).

[8] H. Staudinger, K. Frey, W. Starck, *Ber. Deutsch. Chem. Ges.*, **60**, 1782 (1927).

[9] R. E. Rundle, R. R. Baldwin, *J. Am. Chem. Soc.*, **65**, 554 (1943);

[10] R. E. Rundle, D. French, *J. Am. Chem. Soc.*, **65**, 558 (1943).

[11] M. M. Zwick, *J. Appl. Polym. Sci.*, **9**, 2393 (1965).

[12] Y. –S. Choi, K. Miyasaka, *J. Appl. Polym. Sci.*, **48**, 313 (1993).

[13] H. Takamiya, Y. Tanahashi, T. Matsuyama, T. Tanigami, K. Yamaura, S. Matsuzawa, *J. Appl. Poly. Sci.*, **50**, 1807 (1993).

[14] 済木雄二, 『日本ゴム協会誌』, **84** (8), 327 (2011).

[15] T. Miyazaki, A. Hoshiko, M. Akasaka, T. Shintani, S. Sakurai, *Macromolecules*, **39**, 2921 (2006).

[16] T. Miyazaki, A. Hoshiko, M. Akasaka, M. Sakai, Y. Takeda, S. Sakurai, *Macromolecules*, **40**, 8277 (2007).

[17] 平沢豊, 松永代作, 『繊維学会誌』, **43** (3), 90 (1987).

[18] H. Jagt, Y. Dirix, R. Hikmet, C. Bastiaansen, *Adv. Mater.*, **10**, 934 (1998).

[19] K. Totani, H. Hayashi, T. Watanabe. *Jpn. J. Appl. Phys.*, **48** (8R), 082403 (2009).

第6章

半導体特性

導電率：σ（電気伝導率ともいう）は電荷のキャリアの数：n，キャリアのもつ電気量：q，さらにその動く速さ（移動度）：η の積に比例する．

$$\sigma = \sum n q \eta \tag{6.1}$$

特に電子伝導特性（この場合 $q = 1$）はわずかな物質の状態変化を鋭敏に反映する．ここでは，電子伝導と関わる一部の有機半導体の例に限るが，特に配向制御に焦点をあてて移動度や発光特性発現に関わる研究例を紹介する．

無機半導体では原子同士が共有結合によって強固に結びついているのに対して有機半導体は分子同士が弱い分子間力によって集合体を形成している．このことが柔らかい電子素子の開発を容易にしており，近年さかんに研究されている要因でもある．低分子，高分子ともに，形状や官能基の位置などに大きな異方性があるために，その分子配向制御は特性を決定づける．分子配向制御にはさまざまな試みがなされているが，単分子膜や数分子層レベルから厚くても数十ナノメートルレベルの薄膜が用いられるので，界面からの制御が特に重要である．

6.1 低分子物質の集合体

6.1.1 液晶分子の電気伝導性

分子性結晶を対象とした有機半導体研究は，歴史が古く研究例も圧倒的に多く，さらに種々のデバイス作製にも供されている．しかし，配向性分子集合体の特性を体系的に眺めるうえで，あえて液晶物質から触れる．

液晶物質の電気伝導性に関しては，かつてはイオン伝導のみであると考えられてきたが，1993 年の Haarer らにより，トリフェニレン誘導体のディスコチック液晶で電子伝導であることが示され [1]，その 5 年後に，半那・舟橋らによって棒状液晶分子でも電子伝導機構が働くことが見出されるに至り [2]，液晶物質も有機半導体として興味深い研究対象となってきた．

有機半導体のキャリア伝導は分子に局在したキャリア（ホールまたは電子）が熱励起によって連続的に飛び移る「ホッピング伝導」が主な機構と考えられている．この機構では分子の電子軌道の重なり（分子間距離）が重要であるから，集合体の状態変化により桁違いに移動度が変化する．図 6.1 にアモルファス個体，液晶，分子結晶の典型的な移動度を示しているが，この順で移動度は高くなる [4]．また，温度変化をさせて，たとえば，スメクチック B 相からスメクチック A 相，さらに等方相へ変化させると移動度がそれぞれ約 5〜6 倍ジャンプして向上する [4]．なお配向秩序性の低いネマチック液晶は等方相とあまり差異はなく，イオン伝導と区別できない低い移動度となる（図 6.2）．棒状液晶においてもいくつかの秩序性の異なる液晶相があるが，結晶性に近くなるスメクチック E 相でさらに移動度が向上する．分子間距離と移動度には良い相関があり，分子間距離が小さくなるほど伝導性は向上する [4]．このこ

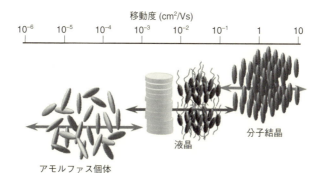

図 6.1 有機半導体の物質形態と移動度
[3] 半那純一,『有機エレクトロニクスにおける分子配向技術』, pp. 126–141, シーエムシー出版 (2007) より.

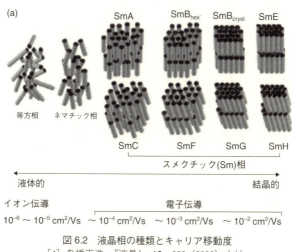

図 6.2 液晶相の種類とキャリア移動度
[4] 舟橋正浩,『液晶』, **10**, 359 (2006) より.

とはホッピングによる電子伝導を裏付けている.

98 第6章 半導体特性

結晶薄膜と比較して，液晶物質を用いる大きなメリットは構造欠陥の影響を受けにくいことであり，自己集合作用で大面積の材料化ができることは極めて有利な特性といえる．

6.1.2 分子結晶の電気伝導性

結晶においては分子同士の熱揺らぎが少なくなり，さらに分子間距離が短くなるので，1 cm²/Vs を超える移動度のものが多く報告されている．有機分子は蒸着によっても溶液プロセスでも膜作製が可能である．しかし通常分子がランダムに配向した非晶状態や多結晶であり，膜中に結晶粒界や欠陥が存在するため，材料本来の伝導特性の評価が困難である．材料も比較的良質な単結晶が得られるペンタセンやルブレンなどに限られてきた．最近は瀧宮らを中心に，酸化されにくい安定なチオノアセンを中心にヘテロ元素を導入した化合物で精力的に研究が進められている [5]．

ペンタセンは通常蒸着によって作製されるが，移動度の向上のために面内でその結晶方位を揃えるためには基板表面の工夫が必要である．たとえば，ポリテトラフルオロエチレン（PTFE）を加熱ステージ上にてクレヨンで絵を描くように擦り付ける摩擦転写法 [6] は簡便な方法で，多くの低分子・高分子を問わず，配向させることができる．ペンタセン薄膜をこの手法で配向させ，電界効果トランジスタ（FET）特性で評価すると，転写掃引の垂直方向の移動度はアモルファスシリコン並みに高く，平行方向に沿う移動度はその1/100 に低下する．分子配向によって大きな面内異方性が見られる [7]．

有機分子を用いるプロセス上の利点は，湿式プロセスが使えることである．最近，瀧宮らにより有機溶媒に溶解させるためにアルキル側鎖を有するヘテロアセン系材料が多く開発されるようになり，

この分野の研究が飛躍的に活発化している．アルキル鎖はロッド上のπ共役系のコアの両側に導入する手法がとられているため，このアプローチは先に述べた棒状液晶分子と構造が類似しており，実際に液晶となるものもある．先に述べた液晶系との接点が生まれ始めている［8］．

　基板にて分子を高度に配向させる方法は数多く提案されてきた［9］．一例として，室温にて大面積で単結晶の成膜ができる「連続エッジキャスト法」も開発され，物性研究が加速している．この手法では，数分子層に相当する 10 nm 程度の単結晶膜を大面積で作製することができる（図 6.3）［10］．さらに分子設計として，π電子系のコアに屈曲した構造を導入すると，その立体障害から熱による分子揺らぎが強く制御される．結晶中で分子が室温でも揺らがないような（フォノン制御も考慮に入れた）分子設計を行うことで移動度が向上することも見出されている［11］．さらに，有機半導体

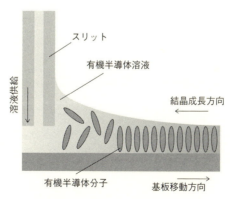

図 6.3　連続エッジキャスト法

［10］A. Yamamura, S. Watanabe, M. Uno, M. Mitani, C. Mitsui, J. Tsurumi, N. Isahaya, Y. Kanaoka, T. Okamoto, J. Takeya, *Sci. Adv.*, **4**, eaao5758（2018）より．

100 第6章 半導体特性

結晶はホッピング伝導が主な機構と考えられてきたが，最近では
キャリアが波として非局在化した「バンド」伝導も寄与する証拠が
得られてきた [12].

6.2 アモルファス分子の発光特性

　アモルファス材料では従来配向性は考慮されない物質群であっ
た．しかし，最近になり有機 EL（electroluminescence, organic
light emitting diode, OLED ともいう）材料の分野でその分子配向の
重要性が認識され始めたので紹介する．1987 年の Tang ら [13] に
より電界発光デバイスのプロトタイプが報告されて以来，世界中で
活発な研究が進められ，現在では有機 EL ディスプレイが多く市場
に出回るようになった．有機 EL では，透明電極から注入された電
荷（電子と正孔）を輸送し，発光層にある発光分子において電子と
正孔の再結合で発光する．効率のよい発光を得るためには，発光分
子自体の発光効率を高めることが不可欠で，多くの努力が分子設計
と合成に注がれてきた．一重項発光（蛍光）では電場により励起さ
れた分子の発光効率限界が 25% であるために，それが 75% であ
る三重項発光（リン光）の材料が多く用いられるようになった．さ
らに最近では熱活性遅延蛍光（thermally activated delayed fluores-
cence；TADT）材料が開発され，リン光のエネルギーを蛍光に戻
すことにより，原理的に励起分子の 100% を発光させうる分子設
計が見出されるに至り [14]，当該分野は新たな方向へ向けて発展
している．

　発光素子では，数多くのランダムに配向した分子がさまざまな方
向へ発光する．発光の取り出し面に透明基板があるために，発光が
透明基板の内部へ多く反射されるために，何もしなければ発光量の

20%程度しか外部へ光を取り出すことができない．この効率を高めるために透明基板表面にマイクロレンズのような微細な表面形状加工を施し光を効率的に取り出す方法も多く試みられているが，最近になり発光分子の配向制御が重要視されるようになった．アモルファス性の分子であっても発光の双極子モーメントの方向があるので，分子配向の制御は光の取り出し効率に大きく影響する．

通常結晶性や液晶性の規則構造をもつ薄膜中の分子配向の評価にはX線測定が強力なツールであるが，アモルファス薄膜中では分子間の構造規則性がない．そこで，多入射角分光エリプソメトリーが強力なツールとして用いられるようになった．横山らはこの手法によって，アモルファス性分子の配向を系統的に調べた（図6.4）[15]．

ペンタセンのような剛直棒状分子を真空蒸着すると，分子は垂直に配向するが（1.1節参照），アモルファス性の発光分子では状況が大きく異なる．棒状のアモルファス凝集分子は基板に対して水平に配向する傾向がある．分子間のファンデルワールス力が弱く，基

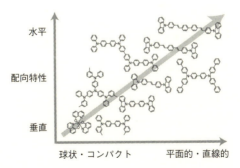

図6.4 アモルファス分子材料の真空蒸着膜の配向特性
[15] D. Yokoyama, *J. Mater. Chem.*, **21**, 19187 (2011) より．

板と並行になろうとする傾向が強くなるためであると考えられる．図 6.4 には分子の形状と配向性の関係性を示している．棒状や平面の形状特性をもつ分子ほど水平に配向する傾向が強くなる．

水平に配向する傾向は真空蒸着して得られるアモルファス性の分子薄膜に特有であり，スピンコートの湿式法ではこの傾向は見られない．気相から分子が基板へあたり，その後活発にマイグレーションするプロセスがこの配向をもたらすものと推察される．ガラス転移温度（T_g）を越えて加熱すると水平配向は失われ，ランダム配向となる，この際の T_g は薄膜状態でのものであり，バルクで観測されるものより低い．

分子が水平に配向するといくつかの利点が同時に得られる．発光の遷移モーメントとの関係で水平配向することで光の取り出し効率が向上する（図 6.5）[15]．さらにキャリア移動速度の上昇，さらには電極とのキャリア注入における効率も向上することが認められている．

さらに分子の形状だけでなく，分子間相互作用により分子集団的としての作用で水平配向を強化することもできる．興味深い例としてピリジンを周囲にもつ分子 BnPyMPM（n は窒素の位置）の例が

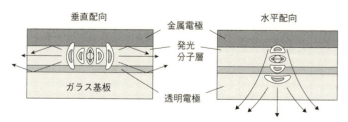

図 6.5　発光分子の配向と光の取り出し

[15] D. Yokoyama, *J. Mater. Chem.*, **21**, 19187 (2011) より．分子を水平に配向させることで効率的に光をデバイス外にとりだすことができる．

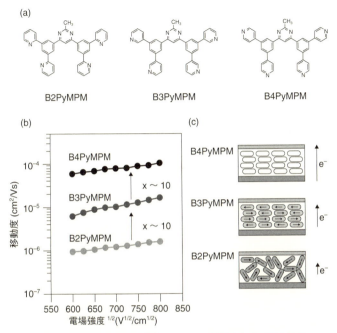

図 6.6 B*n*PyMPM 分子の構造とキャリア移動度および配向特性
分子構造 (a), 移動度データ (b) と配向の模式図(c). [16] D. Yokoyama, H. Sasabe, Y. Furukawa, C. Adachi, J. Kido, *Adv. Func. Mater.*, **21**, 1375 (2011) より.

ある [16]. ピリジン環のないベンゼン環型のものはほとんどランダム配向であるが，ピリジン環をもつと水平配向をとるようになる. これは C-H‥N の水素結合による超分子相互作用と考えられる. 窒素の位置がベンゼン環との結合に対して 2 位, 3 位, 4 位となるに従い水平配向が強まり，移動度もこの順番で一桁ずつ向上する (図 6.6).

6.3 高分子半導体

　高分子系の有機半導体材料は溶液プロセスでの薄膜形成が容易であることと高い機械的安定性から，有機エレクトロニクス分野において極めて重要であり，その分子配向制御もさかんに行われている[17]．π共役系高分子はねじれや折れ曲がりにより共役系が切断され，多くの場合π電子は局在化している．通常のサンプルではπ共役の長さは20モノマーユニット程度になっており[18, 19]，高分子といえども，物性発現の観点からは比較的短い共役系の集合体になっていると捉えるとよい．高分子では，特に液晶特性をもつものは協同的な配向が起こり，比較的容易に高度に配向させることができる．

　デバイス中，電極間で微結晶的に小さな配向ドメインがランダムに存在するより，全体でキャリア移動に有利な配向が揃っているモノドメインとなっていた方が特性向上につながることは容易に想像できる．6.1.2項で述べた摩擦転写法は，種々の高分子半導体の配向に多く用いられている[20, 21]．特に液晶性を示すものはその後のアニーリングで異方性がさらに強くなる[20]．PTFEを配向させるためには，150℃程度で加熱したステージで擦る必要があるのに対し，最近，綿布を室温で基板上を擦るだけで簡便に，代表的なp型有機半導体である立体規則性のポリ（3-ヘキシルチオフェン）（P3HT）のスピンキャスト膜を高度に配向させうることも見出されており，ソフト摩擦転写法と呼ばれている[22]．

　共役高分子のπ平面が，どの方向に向いているかも問題となる．薄膜トランジスタ（TFT）では電極は面内に配置するのに対して，太陽電池へ応用する際は膜の上下に配置する．したがって，用途によって望ましい配向が異なる．高分子の配向とTFT特性に関して

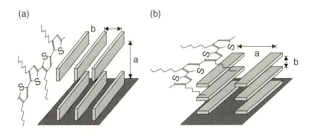

図 6.7 P3HT の (a) edge-on 配向と (b) face-on 配向
[23] H. Sirringhaus, PR. H. Friend, E. W. Meijer, P. Herwig, D. M. de Leeuw *et al.*, *Nature*, **401**, 685 (1999) より.

は，P3HT にて edge-on 配向と face-on 配向で大きな移動度の特性が変わることが知られている [23]．edge-on 配向にて 0.05〜0.1 cm^2/Vs ほどの大きな移動度が観測されているが，face-on 配向の約 100 倍と報告されている（図 6.7）．これは共役高分子の π スタッキングの効果であり，edge-on 配向では電極間の方向へ 0.3 nm 程度（図中の b），face-on 配向では 2 nm の距離があり，ホッピング伝導に対して不利になる．

スピンキャスト膜であると edge-on 配向と face-on 配向を完全に作り分けることができないが，液晶分子でアシストされた LB 法を用いることで，ほぼ完全な edge-on 配向の組織化膜を作ることができる [24]．水面で圧縮することで面内配向も誘起することができ，完全 face-on 型単分子膜にて主鎖方向と π スタック方向に数倍の移動度の有意な差が見られる [25]．

ポリアルキルチオフェンに関しては，上記の 2 種類の配向に加え，end-on 配向も実現されている（図 6.8）[26]．少量のフッ化炭素鎖を末端に有するポリ（3-ブチルチオフェン）（P3BT）を混合した P3BT，スピンキャスト膜では，フッ化炭素鎖が空気側に表面

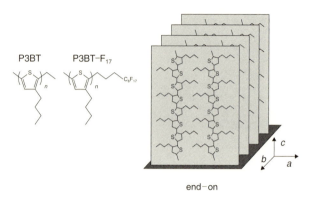

図 6.8 P3HT の配向
表面偏析を利用すると主鎖が垂直に配向した end-on 配向が可能となる．[26] J. Ma, K. Hashimoto, T. Koganezawa, K. Tajima, *J. Am. Chem. Soc.*, **135**, 9644（2013）より．

偏析（2.9 節参照）し，この作用で空気側の自由界面から主鎖が膜厚方向に配向した end-on 配向が実現される．キャリアの移動は主鎖方向に有利であるので，この配向は特に，太陽電池を想定した際に有利な配向である．

また，n 型有機半導体特性を示すチオフェン-チアゾロチアゾール系ポリマーでは，アルキル側鎖（R^1，R^2）の長さで end-on と face-on の配向を化学構造で明確に制御できることも示されている（図 6.9）[27]．

スピンキャスト膜，ディップコート，あるいは LB 膜にしても高分子膜中にはどうしてもコンホメーションの乱れやドメイン形成など相当な不規則性が含まれ，共役高分子の主鎖方向とその垂直方向のキャリア移動度の本来の差異を評価することは簡単ではない．最近，ポリジアセチレンポリマーのリボン状単結晶にて興味深い異方

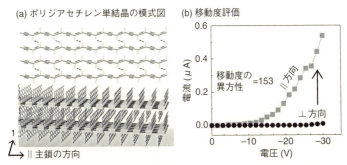

図 6.9 ポリ（チオフェン-チアゾロチアゾール）
[27] I. Osaka, M. Saito, T. Koganezawa, K. Takimiya, *Adv. Mater.*, **26**, 331 (2014) より.

図 6.10 トポケミカル重合で得られたポリジアセチレン単結晶中での移動度評価
[28] Y. Yao, H. Dong, F. Liu, T. P. Russell, W. Hu, *Adv. Mater.*, 29, 1701251 (2017) より. 極めて高い移動度の異方性が観測される.

性が観測されている [28]. 長鎖ジアセチレンカルボン酸のリボン状単結晶を作製し, その後紫外光照射で重合することで単結晶状態を保持したままでポリジアセチレン単結晶が作製されている（トポケミカル重合）. この共役系単結晶で評価すると, 主鎖方向と垂直方向では電気伝導性が 153 倍異なる（図 6.10）.

高分子の配向秩序は発光特性にも直接反映される. 特別な操作を施さなければ, 高分子物質の主鎖は基板面に対して平行に配向す

108　第6章　半導体特性

る．したがって，面内の主鎖配向を制御することで，直線偏光の電界発光が観測される［20, 22, 29, 30］．

参考文献

[1] D. Adam, F. Closs, T. Frey, D. Funhoff, D. Haarer, P. Schuhmacher, K. Siemensmeyer, *Phy. Rev. Lett.*, **70**, 457（1993）．

[2] M. Funahashi, J. Hanna, *Phys. Rev. Lett.*, **78**, 2184（1997）．

[3] 半那純一，pp. 126-141，内藤裕義，久保野敦史，舟橋正浩，吉本尚起（監修），『有機エレクトロニクスにおける分子配向技術』，シーエムシー出版（2007）．

[4] 舟橋正浩，『液晶』，**10**，359（2006）．

[5] K. Takimiya, S. Shinamura, I. Osaka, E. Miyazaki, *Adv. Mater.*, **23**, 4347（2011）．

[6] J.-C. Wittmann, P. Smith, *Nature*, **352**, 414（1991）．

[7] H. Kihara, Y. Ueda, A. Unno, T. Hirai, *Mol. Cryst. Liq. Cryst.*, **424**, 195（2004）．

[8] 半那純一，『液晶』，**21**，236（2017）．

[9] Y. Wang, L. Sun, C. Wang, F. Yang, X. Ren, X. Zhang, H. Dong, W.-P., Hu, *Chem. Soc. Rev.*, **48**, 1492（2019）．

[10] A. Yamamura, S. Watanabe, M. Uno, M. Mitani, C. Mitsui, J. Tsurumi , N. Isahaya, Y. Kanaoka, T. Okamoto, J. Takeya, *Sci. Adv.*, **4**, eaao5758（2018）．

[11] A. Yamamoto, Y. Murata, C. Mitsui, H. Ishii, M. Yamagishi, M. Yano, H. Sato, A. Yamano, J. Takeya, T. Okamoto, *Adv. Sci.,* **5**, 1700317（2018）．

[12] 渡邉俊一郎，竹谷純一，『応用物理』，**53**，7（2018）．

[13] C. W. Tang, S. A. VanSlyke, *Appl. Phys. Lett.*, **51**, 913（1987）．

[14] H. Uoyama, K. Goushi, K. Shizu, H. Nomura, C. Adachi, *Nature*, **492**, 234（2012）．

[15] D. Yokoyama, *J. Mater. Chem.*, **21**, 19187（2011）．

[16] D. Yokoyama, H. Sasabe, Y. Furukawa, C. Adachi, J. Kido, *Adv. Func. Mater.*, **21**, 1375（2011）．

[17] 小林隆史，内藤裕義，『液晶』，**10**，320（2006）．

[18] H. Kuzmany, *Phys. Status Solidi B*, **97**, 521（1980）．

[19] S. Kishino, Y. Ueno, K. Ochiai, M. Rikukawa, K. Sanui, T. Kobayashi, H. Kunugita, K. Ema, *Phys. Rev. B*, **58**, R13430（1998）．

[20] M. Misaki, Y. Ueda, S. Nagamatsu, Y. Yoshida, N. Tanigaki, K. Yase, *Macromolecules*, **37**, 6926（2004）．

[21] S. Nagamatsu, W. Takashima, K. Kaneto, Y. Yoshida, N. Tanigaki, K. Yase, K. Omote, *Macromolecules*, **36**, 5252（2003）．

[22] M. Imanishi, D. Kajiya, T. Koganezawa, K. Saitow, *Sci. Rep.*, **7**, 5141 (2017).

[23] H. Sirringhaus, PR. H. Friend, E. W. Meijer, P. Herwig, D. M. de Leeuw *et al.*, *Nature*, **401**, 685 (1999).

[24] S. Nagano, S. Kodama, T. Seki, *Langmuir*, **24**, 10498 (2008).

[25] S. Watanabe, H. Tanaka, S. Kuroda, A. Toda, S. Nagano, T. Seki, A. Kimoto, J. Abe, *Appl. Phys. Lett.*, **96**, 173302 (2010).

[26] J. Ma, K. Hashimoto, T. Koganezawa, K. Tajima, *J. Am. Chem. Soc.*, **135**, 9644 (2013).

[27] I. Osaka, M. Saito, T. Koganezawa, K. Takimiya, *Adv. Mater.*, **26**, 331 (2014).

[28] Y. Yao, H. Dong, F. Liu, T. P. Russell, W. Hu, *Adv. Mater.*, **29**, 1701251 (2017).

[29] D. Nehe, *Macromol. Rapid Commun.*, **22**, 1365 (2001).

[30] H. Sirringhaus, R. J. Wilson, R. H. Friend, M. Inbasekaran, W. Wu, E. P. Woo, M. Grell, D. D. C. Bradley, *Appl. Phys. Lett.*, **77**, 406 (2000).

第7章

熱伝導特性

7.1 各種材料の熱伝導率

コンピュータの小型化と高性能化に伴い，実装部品の発熱が大きな問題となっており，絶縁構成部品の放熱性の向上が近年極めて重要な課題となっている．導電性の金属の熱伝導率は高いが，これは金属中の自由電子により熱が効率的に伝導されるためである．一方，絶縁体の熱伝導はフォノン（熱振動の量子）の拡散による．表7.1には代表的な材料の熱伝導率を，図7.1には各材料群の熱伝導率の違いを対数スケールで示している [1]．

ここでは，高分子の配向とフォノン伝導との関係に着目する．絶

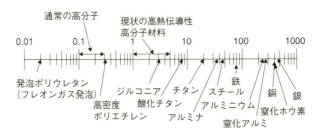

図 7.1　各種材料の熱伝導率

[1] 上利泰幸，第4章，pp. 48-62，竹澤由高（監修），『高熱伝導性コンポジット材料』，シーエムシー出版（2011）より．

112　第7章　熱伝導特性

表7.1　代表的な材料の熱伝導率

種類	熱伝導の媒体	状態	熱伝導率 /W/（m・K）
金属（銅）	自由電子	結晶	400
セラミックス（アルミナ）	フォノン	結晶	30
絶縁樹脂（エポキシ樹脂）	フォノン	非晶	0.2
ダイヤモンド	フォノン	結晶	2000
グラフェン	フォノン支配	（単層）	5000 [2]
グラファイト	フォノン支配	結晶（面内） 結晶（面外）	1000 [3] 10 以下

　縁体として広く用いられているエポキシ樹脂は金属やセラミックスに比べて熱伝導率が桁違いに低いため，放熱のボトルネックとなっている．エポキシ樹脂は成型加工性のよさや安価なことから現在では絶縁構成材料として不可欠である．エポキシ樹脂の熱伝導率を高めることができれば，その波及効果は大きい（したがって，以下で紹介するようにエポキシ樹脂系の検討が多い）．多くは熱伝導性の高いセラミックス素材を分散させる手法が多く用いられているが，最近は有機高分子材料そのものの分子配向を制御して，熱伝導性を高めようとするアプローチも進められている．通常の高分子材料の熱伝導度は 0.1〜0.3 W/（m·K）程度であるが，セラミックスが 10 W/（m·K）であり，高分子材料もこのレベルの高い熱伝導度をもつものが創出されることが望まれる．

　炭素材料の熱伝導性を見れば（表7.1）有機材料でも高い熱伝導性が得られる可能性は十分ある．炭素−炭素結合は結晶にて効率的にフォノンを伝導できる．また，グラファイトの熱伝導性をみれば，グラファイト面内と層を貫く面外では 100 倍異なる．このこ

とから材料中の分子配向の重要性がわかる.

フォノンの散乱機構による熱伝導率 K はデバイ（Debye）の式で表される.

$$K = \frac{1}{3}C_v vl \tag{7.1}$$

ここで C_v は単位体積あたりの熱容量，v はフォノンの速度，l はフォノンの平均自由工程である．三次元等方性固体を仮定して 1 次元を考えるために 1/3 の係数がかかっている．セラミックスと高分子材料の大きな熱伝導率の違いはフォノンの平均自由工程の大きな違いであり，熱伝導率を高めるには，フォノンの平均自由工程を大きくする（散乱しないようにする）必要がある．散乱にはフォノン同士の衝突による動的なものと，材料中の欠陥や非晶部分と結晶部分との境界などに基づく静的な原因がある．したがって，樹脂中で高分子鎖を大きな体積で単結晶的に配向させることで熱伝導率は大きく高められる.

7.2 配向性結晶高分子

高分子物質としては結晶性（高密度）ポリエチレンが興味深い対象である（図 7.2）．ポリエチレンを延伸することで熱伝導率の方向依存性や結晶化度依存性が調べられている．すでに 40 年前に Choy らは [4]，1〜25 倍に延伸したポリエチレンで熱伝導率を測定し，延伸方向へ大きな熱伝導性が発現し（300 K にて 1.4 W/（m·k）），垂直方向の約 60 倍の異方性を有することが示された．強く延伸した試料ほど異方性は大きくなる．最近では，原子間力顕微鏡のカンチレバーを用いて数 100 倍延伸したナノファイバーにて 100 W/（m·k）を超え，およそ金属の半分程度に達する熱伝導率が得

図 7.2 ポリエチレン

られている [5].

興味深いことに，天然高分子であるタンパク質ファイバーで配向結晶と階層構造を有するクモの糸にて 416 W/(m·k) という金属なみの熱伝導性が得られたとの報告もある [6].

7.3 棒状液晶高分子

高分子材料中にメソゲンを導入して，ラビングを施した表面で配向させてモノドメインを作製し，高伝導性の高分子膜を作製する試みは 1993 年の Hammerschmidt ら [7] の仕事に見られるが，2003 年ころから竹澤ら [8] および原田ら [9] により，芳香族メソゲンを用いて高次構造を材料に導入して配向させる本格的な試みが開始された．

竹澤らが扱ったメソゲンを有する熱可塑性高分子はスメクチック様の構造をとり，熱伝導性は分子鎖方向により大きく観測される [8]．特にフェニルベンゾエートを二つ有するエポキシモノマーで高い熱伝導性が得られており，図 7.3 のアルキルスペーサーが $n=4$ では，通常のエポキシ樹脂の 5 倍に相当する 1.4 W/(m·k) の熱伝導性が得られている．メソゲン部分は集合体を形成して結晶的であり，よりフォノンの散乱が抑えられているためと考えられる．この場合は試料全体を配向させる操作は行っていない．

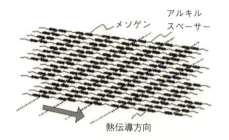

図7.3 メソゲンをもつエポキシ樹脂の例
[8] M. Akatsuka, Y. Takezawa, *J. Appl. Polym. Sci.*, **89**, 2464 (2003) より.

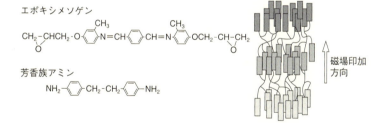

図7.4 メソゲンをもつエポキシ樹脂の磁場配向
[9] M. Harada, M. Ochi, M. Tobita, T. Kimura, T. Ishigaki, N. Shimoyama, H. Aoki, *J. Polym. Sci. Pt B: Polym. Phys.*, **41**, 1739 (2003) より.

原田らは[9], シッフ塩基型のネマチック液晶を形成するエポキシメソゲンを液晶状態にて芳香族アミンと硬化させた（図7.4）. そのまま硬化させたポリドメイン状態のものと10T（テスラ）の磁

場にて配向させたモノドメインのものを比較したところ,磁場によってメソゲンが配向した方向に 0.89 W/(m·k) の熱伝導率が得られ,垂直方向の 0.32 W/(m·k) と比較すると明らかな異方性が観測される.メソゲンと平行な方向はより高く,垂直方向はより低くなっている.

加藤らは [10] アクリル系モノマーを重合させた液晶性高分子を用いて,ラビングしたポリビニルアルコール配向膜上で作製した液晶フィルムにおいて,配向と伝導率の異方性を評価した(図 7.5).この系統的な検討で,分子配向が明確に熱伝導性に反映されていることがわかる.

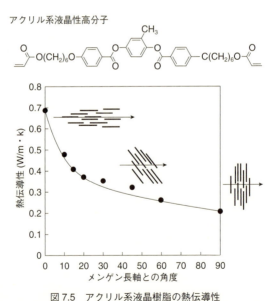

図 7.5 アクリル系液晶樹脂の熱伝導性

[10] 加藤孝,pp. 100-110,竹澤由高(監修),『高熱伝導性コンポジット材料』,シーエムシー出版(2011)より.

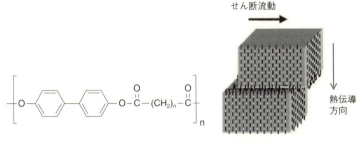

図 7.6　主鎖型液晶ポリマーの熱伝導性
[11] S. Yoshihara, T. Ezaki, M. Nakamura, J. Watanabe, K. Matsumoto, *Macromol. Chem. Phys.*, **213**, 2213 (2012) より.

　熱や光に対する硬化樹脂ではなく，熱可塑性液晶ポリマーから成型する手法もある．ビフェニルメソゲンを有するポリエステル（主鎖型高分子液晶）はスメクチック液晶構造を形成する．液晶状態で射出成型するとせん断流動によってメソゲンはラメラに垂直に配向する．この成型体において 1.2 W/(m·k) の熱伝導性が示されている．面内方向は 0.4 W/(m·k) で，異方的な熱伝導体である（図 7.6）[11]．このポリマーでは強力な磁場を用いる必要はなく，せん断力により自己組織化して配向する特徴をもつため，連続生産も可能であり，材料プロセッシングの観点から興味深い．

　スメクチック A 液晶相を形成する液晶系において，基板の表面自由エネルギーの違いによってメソゲン配向を制御し，薄膜中で大きな熱伝導性の異方性を観測した例もある（図 7.7）[12]．この研究で用いているメソゲンとジアミン成分では，基板の表面自由エネルギーの大小でホメオトロピック配向を示し，プラナー配向を作り分けることができる．各々の配向状態で熱硬化させ膜厚方向で熱伝導性評価すると，ホメオトロピック配向で 5.8 W/(m·k) という大

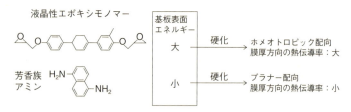

図7.7 基板からの液晶配向制御と熱伝導率

[12] S. Tanaka, F. Hojo, Y. Takezawa, K. Kanie, A. Muramatsu, *ACS Omega*, **3**, 3562（2018）より．

きな熱伝導性が得られるとともに，プラナー状態で 0.41 W/（m·k）と 14 倍に及ぶ大きな異方性が観測されている．

7.4　円盤状分子集合体

　トリフェニレンはいわばグラファイトの一部分のユニット切り出ししたような円盤状分子であり，第 6 章で触れた半導体特性に加え，熱伝導特性も興味深い．周囲に柔軟鎖があればカラムを形成してディスコチック液晶を形成する．Kang らは［13］，カラムナー液晶を形成する温度にて強磁場を用いてトリフェニレンのカラム上の集

図7.8　トリフェニレン誘導体の自己集合と架橋

[13] D.-G. Kang, M. Park, D.-Y. Kim, M. Goh, N. Kim, K.-U. Jeong, *ACS Appl. Mater. Interfaces*, **8**, 30492（2016）より．

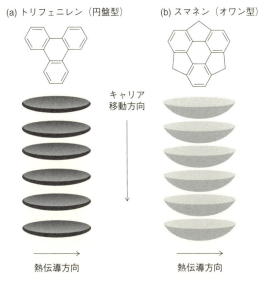

図 7.9 円盤型 (a) およびオワン型 (b) 分子のキャリア移動方向と熱伝導方向
(a) [13] D.-G. Kang, M. Park, D.-Y. Kim, M. Goh, N. Kim, K.-U. Jeong, *ACS Appl. Mater. Interfaces*, **8**, 30492 (2016). (b) [16] H. Kojima, M. Nakagawa, R. Abe, F. Fujiwara F, Yakiyama, H. Sakurai, M. Nakamura, *Chem. Lett.*, **47**, 524 (2018) より.

合体を配列させ,光開始エン-チオール反応で架橋した(図 7.8).こうして安定化されたフィルムにおいて最大 3 W/(m·K) の熱伝導率が得られた.熱伝導の方向は円盤分子に平行,すなわちカラム状集合体と垂直方向である(図 7.9a).キャリア移動方向は円盤分子のスタッキング方向が優先されるのに対して,フォノン伝導はその垂直方向,すなわちグラファイトと同じく分子の面内の方向である.トリフェニレン円盤状分子では,フォノン励起により円盤状分子を能動的に再配向させることもできる(3.6.2 項参照)[14, 15].

また,平面分子に限らず,湾曲した π 共役をもつオワン型のス

マネンにおいても熱伝導特性が評価されている．その熱伝導方向はトリフェニレン同様に導電方向と直交しており，重なったオワンのカラムの垂直方向に高い熱伝導性をもつ（図 7.9b）[16]．

7.5 ハイブリッド材料

熱伝導性の向上のためにはシリカ，アルミナ，窒化ホウ素，ナノカーボンなどの無機物質と樹脂とのハイブリッド化は重要で，国内外で精力的な研究が展開されている．たとえば六方晶窒化ホウ素（板状の h-BN 粒子，図 7.10）は比較的密度が低く（軽く），面内と面外方向でそれぞれ，410 と 2 W/(m·K) という強い熱伝導異方性を示すため，材料中での配向制御は極めて重要な意味をもつ．六角形の結晶の縁に OH や NH_2 などの官能基を有するため，これらを利用して効果的にポリイミドなどの樹脂と複合させる試みが行われている [17]．

高熱伝導材料のさまざまな研究例については文献 [18] に詳しい．

図 7.10　h-BN 粒子

[17] K. Sato, H. Horibe, T. Shirai, Y. Hotta, H. Nakano, H. Nagai, K. Mitsuishi, K. Watari, *J. Mater. Chem.*, **20**, 2749 (2010) より．面内方向に高い熱伝導性を示し，平面粒子の縁に化学反応に有用な官能基がある．

7.6 生体試料

　一般的には極端なソフトマテリアルと認識される生物試料，具体的には液晶性繊維状のウイルスにおいて熱拡散を評価した例もある[19]．繊維状バクテリオファージを流動配向させ，配向させたマクロファージの繊維材料は無配向のフィルムと比較して，最大で10倍以上高い熱拡散性を有することが見出されている．生体試料からなるフィルムおいても熱物性の方向を制御できることは興味深い（図7.11）．

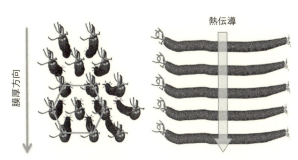

ヘキサゴナル充填したマクロファージのフィルム

図7.11　高配向マクロファージの膜における異方的な熱伝導
[19] T. Sawada, S. Nojima, J. Morikawa, T. Serizawa et al., *Sci. Rep.*, **8**, 5412 (2018) より．

参考文献

[1] 上利泰幸，第4章，pp. 48-62，竹澤由高（監修），『高熱伝導性コンポジット材料』，シーエムシー出版（2011）．

[2] A. A. Balandin, S. Ghosh, W. Bao, I. Calizo, D. Teweldebrhan, F. Miao, C. N. Lau, *Nano Lett.*, **8**, 902 (2008).

[3] P. Delhaes, *Graphite and Precursors*. CRC Press (2001).

[4] C. L. Choy, W. H. Kuk, F. C. Chen, *Polymer*, **19**, 155 (1978).

[5] S. Shen, A. Henry, J. Tong, R. Zheng, G. Chen, *Nat. Nanotech.*, **5**, 251–255 (2010).

[6] X. Huang, G. Liu, X. Wang, *Adv. Mater.*, **24**, 1482 (2012).

[7] A. Hammerschmidt, K. Geibel, F. Strohmer, *Adv. Mater.*, **5**, 107 (1993).

[8] M. Akatsuka, Y. Takezawa, *J. Appl. Polym. Sci.*, **89**, 2464 (2003).

[9] M. Harada, M. Ochi, M. Tobita, T. Kimura, T. Ishigaki, N. Shimoyama, H. Aoki, *J. Polym. Sci. Pt B: Polym. Phys.*, **41**, 1739 (2003).

[10] 加藤孝，pp. 100-110，竹澤由高（監修），『高熱伝導性コンポジット材料』，シーエムシー出版（2011）

[11] S. Yoshihara, T. Ezaki, M. Nakamura, J. Watanabe, K. Matsumoto, *Macromol. Chem. Phys.*, **213**, 2213 (2012).

[12] S. Tanaka, F. Hojo, Y. Takezawa, K. Kanie, A. Muramatsu, *ACS Omega*, **3**, 3562 (2018).

[13] D.-G. Kang, M. Park, D.-Y. Kim, M. Goh, N. Kim, K.-U. Jeong, *ACS Appl. Mater. Interfaces*, **8**, 30492 (2016).

[14] H. Monobe, K. Awazu, Y. Shimizu Y. *Adv. Mater.*, **12**, 1495 (2000).

[15] H. Monobe, K. Awazu, Y. Shimizu, *Adv. Mater.*, **18**, 607 (2006)

[16] H. Kojima, M. Nakagawa, R. Abe, F. Fujiwara F, Yakiyama, H. Sakurai, M. Nakamura, *Chem. Lett.*, **47**, 524 (2018).

[17] K. Sato, H. Horibe, T. Shirai, Y. Hotta, H. Nakano, H. Nagai, K. Mitsuishi, K. Watari, *J. Mater. Chem.*, **20**, 2749 (2010).

[18] 竹澤由高（監修），『高熱伝導性コンポジット材料』，シーエムシー出版（2011）（普及版2016）．

[19] T. Sawada, S. Nojima, J. Morikawa, T. Serizawa *et al.*, *Sci. Rep.*, **8**, 5412 (2018).

第8章

強誘電特性

強誘電体材料は自発分極を持ち，その自発分極は外部電場に応答して分極方向が反転する，ヒステリシス特性は記録デバイスに応用できる．電源を切ってもデータを保持し続け不揮発性メモリでありながら，書き換えが可能である．ここでは分子配向の切り口から，高分子物質とオリゴマーにおもに触れる．この特性は電気双極子モーメントの反転が本質なので，特性をデバイスとして利用するためには分子配向制御が不可欠であり，簡単に触れておきたい．

8.1 ポリフッ化ビニリデン

強誘電性を示す高分子物質としては，ポリフッ化ビニリデン（PVDF）が有名である．この物質は 1969 年河合により，一軸延伸後ポーリング処理を行うと PVDF は顕著な圧電性（強誘電特性の一種）を示すことが見出されていることに端を発している（図 8.1）[1]．1980 年代になると分子双極子を起源とする強誘電ポリマーであることが証明された．さらに，フッ化ビニリデンと三フッ化エチレン（TrFE）との共重合体（P（VDF–TrEF））でキュリー点が見出されるに至り，多くの研究者が研究対象として扱っている．

PVDF はいくつかの結晶構造をとり，α, β, γ, δ 型などの結晶がある [2]．このうち，α 型（II 型とも呼ばれる）以外はすべての

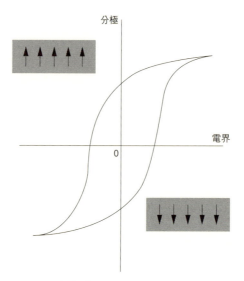

図 8.1 強誘電特性：電界−分極のヒステリシス

分極をもち，中でも主鎖が平面ジグザグ構造をとる β 型（I 型）結晶は大きな分極をもつ（図 8.2）．熱延伸することで α 型と β 型の混在した配向試料が得られる．分極の評価には通常上部と下部の電極とのサンドイッチ構造を作製する．双極子モーメントが応答するように分子軸が基板表面に対して平行に配向させる必要がある．

PVDF は α 相が安定であり，一般的には延伸処理を施さないと β 相を得ることができないとされる．通常 β 型の結晶試料は冷却フィルムを冷延伸して作製されるが，配向性と結晶性が高くない．ゲル溶液の状態（10% 溶液）からフィルムを固相共押出法により，融点付近で延伸すると，結晶部分はほぼ完全な β 型結晶となり高い分子配向性を示すようになる [3]．

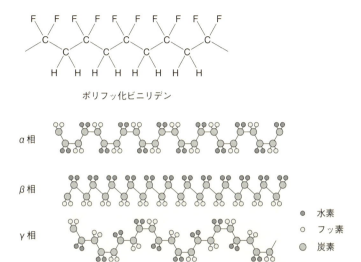

図8.2 ポリフッ化ビニリデン（PVDF）の化学構造と結晶相

　一方，P（VDF-TrEF）は強誘電性を示すβ相が安定な構造である．したがって，有機溶媒に可溶なこのポリマーの薄膜を基板に形成させ結晶化処理を施せば強誘電性のP（VDF-TrEF）が得られるので，現時点では実用的に最も適した材料といえる[2]．キュリー温度以上に挙げた後に融点以下の温度に保つことで結晶化が進行する．結晶成長に従って（110）面あるいは（100）面が基板と平行になるように配向していく[4]．圧電特性を有することから，タッチセンサーやアクチュエータとしての応用が進められている．無機材料と異なり，フレキシブルな基板への用途が期待されている．

8.2 フッ化ビニリデンオリゴマー

フッ化ビニリデン（VDF）のオリゴマーでの検討も進められている．高分子物質では，さまざまな構造の乱れや結晶化度の違いや階層構造が形成され複雑であるので，そのフッ化ビニリデン鎖の本質的な特性を知るためにはモデルとしての低分子化合物を扱うと都合がよい．石田・松重らはこの視点から $CF_{17}I$ 分子を扱ったところ，分解せずに真空蒸着での薄膜作製が可能であり，分子薄膜において非常に大きな残留分極量が得られことが見出された（図8.3）[5]．

VDFオリゴマーは α 型（II型）が安定であるので，このままでは強誘電性は発現せず，薄膜形成時に β 型（I型）へ構造を制御しなくてはならない．かつ，分子そのものの配向も分子軸を基板表面に対して平行に配向させる必要がある．白金の表面へ-120℃以下の基板に製膜すると β 相が形成される．室温にて金基板上では α，β 型の両相が共存し垂直配向するが，-120℃では基板の種類に寄らず β 相が出現し，かつ分子鎖は基板に対して平行配向する．低温基板上で急激に冷却することで，分子の熱エネルギーが奪われ，基板表面でのマイグレーションが抑制されて分子鎖が平行配向するものと考えられる．急激な体積収縮により β 型のオールトランスが準安定状態として凍結されるものと考えられる．この膜の残量分極量は 130 mC/m^2 で，高分子物質のPVDFの約2倍であり，有機材料中最高のレベルである．分極反転の閾値電圧もPVDFよりかなり高い．これは構造の乱れの少ない低分子結晶の特徴を反映していることに加え，末端の大きな要素原子がコンホメーションの回転を妨げている可能性もある．

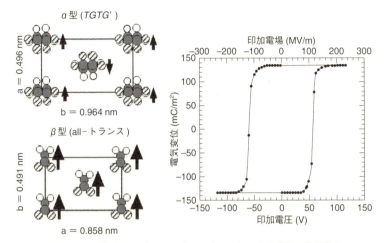

図 8.3 フッ化ビニリデンオリゴマー (CF$_{17}$I) の分子薄膜の強誘電性
[5] K. Noda, K. Ishida, A. Kubono, T. Horiuchi, H. Yamada, K. Matsushige, *J. Appl. Phys.*, **93**, 2866 (2003) より.

8.3 新たな機能

薄膜中に蛍光分子を高濃度に導入すると濃度消光を起こし,蛍光強度は減少する.このことは,発光素子をレーザー素子などに組み込む際に障壁となる.最近になり,蛍光分子を PVDF 薄膜上にのせて製膜することで濃度消光が抑えられることが見出されている(図 8.4) [6].提らは [7], β 型構造をとりやすい P (VDF-TrFE) 上にローダミン G を高濃度にドープした高分子フィルムを調製し同様な観測を行った.P (VDF-TrFE) と接することで DFB 色素レーザー発振特性の大幅な向上が見られる.彼らは β 型の結晶系の存在が重要であることを指摘している.原因は不明な部分が多い

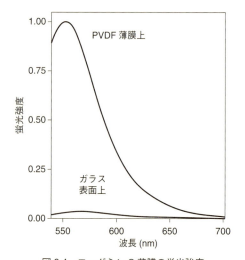

図 8.4 ローダミン G 薄膜の蛍光強度
[6] M. Mullen, W. B. Euler, *Langmuir*, **33**, 2194 (2017) より. PVDF 薄膜上とガラス表面上.

が，強誘電特性を示すポリマーの興味深い表面機能といえる．

　強誘電液晶も重要な物質群である．これらは情報のメモリ機能だけでなく，ネマチック液晶より反転の応答が早いので，高速に駆動するディスプレイ素子への応用も試みられている．強誘電性液晶の概要については文献 [8] を参照されたい．強誘電性液晶にアゾベンゼンを組み込むことで適切な電場印加しておいて，光をトリガーとして分子配向を反転させた研究例もある [9]．

　近年新たに室温あるいは室温付近で高性能な強誘電特性を示す超分子型分子結晶が発見されており [10,11]，強誘電特性を示す分子系のレパートリーが増えている．それらの分子系も含め配向制御に基づく材料化の進展を期待したい．

参考文献

[1] H. Hirai, *Jpn. J. Appl. Phys.*, **8**, 975 (1969).

[2] T. Furukawa, *Phase Transition*, **18**, 143-211 (1989).

[3] 永井雅之, 上原宏樹, 金元哲夫, 『高分子論文集』, **53**, 555 (1996).

[4] M. A. Barique, M. Sato, H. Ohgashi, *Polym. J.*, **33**, 69-74 (2001).

[5] K. Noda, K. Ishida, A. Kubono, T. Horiuchi, H. Yamada, K. Matsushige, *J. Appl. Phys.*, **93**, 2866 (2003).

[6] M. Mullen, W. B. Euler, *Langmuir*, **33**, 2194 (2017).

[7] N. Tsutsumi, Y. Hirano, K. Kinashi, W. Sakai, *Langmuir*, **34**, 7527 (2018).

[8] 竹添秀男, 宮地弘一 (著), 日本化学会 (編), 『液晶 (化学の要点シリーズ 19)』, 共立出版 (2017).

[9] T. Ikeda, T. Sasaki, K. Ichimura, *Nature*, **361**, 428 (1993)

[10] S. Horiuchi, Y. Tokunaga, G. Giovannetti, S. Picozzi, H. Itoh, R. Shimano, R. Kumai, Y. Tokura, *Nature*, **463**, 789-792 (2010)

[11] S. Horiuchi, F. Kagawa, K. Hatahara, K. Kobayashi, R. Kumai, Y. Murakami, Y. Tokura, *Nat. Commun.* **3**, 1308 (2012).

索　引

【数字・欧文・略号】

3-ヘキシルチオフェン……………104

edge-on 配向……………………105
end-on 配向……………………105
face-on 配向……………………105

LbL 法……………………………7

SAM……………………………6
SAM 膜…………………………23
SRG……………………………66

TN モード………………………83

π共役系高分子…………………104

【ア行】

アイソタクチック………………87
アゾ色素…………………………25
アゾベンゼン……………………13
圧電特性…………………………125
アニール…………………………9
アミロース………………………87
アモルファス高分子膜…………53
アモルファス個体……………96, 97
アンカリング……………………11

イオン伝導………………………97
異常屈折率………………………91
位相差フィルム…………………82
異方性……………………………118
インクジェット…………………30

液晶………………………96, 97
液晶ディスプレイ………………23
液滴………………………………65
エポキシ樹脂……………………112
延伸………………………………88
円偏光……………………………45

オリゴマー………………………126

【カ行】

界面活性剤………………………41
可視光……………………………64
カラーフィルター………………79
ガラス転移温度…………………102
干渉露光…………………………66

気水界面…………………………63
基板表面…………………………27
キャリア…………………………95
吸収型偏光フィルム……………86
吸着単分子膜……………………65
強誘電液晶………………………128
強誘電体…………………………123
キラリティー……………………45

屈曲………………………………75
グラファイト……………………112
クロモニック液晶………………40

蛍光………………………………100
形態複屈折………………………80
ケイ皮酸ポリマー……………44, 45

光学異方性………………………20

光学補償フィルム‥‥‥‥‥‥‥79
交互吸着法‥‥‥‥‥‥‥‥‥‥7
勾配力‥‥‥‥‥‥‥‥‥‥‥‥66
高分子液晶エラストマー‥‥‥‥74
高分子ゲル‥‥‥‥‥‥‥‥‥‥77
高分子半導体‥‥‥‥‥‥‥‥104
高密度ブラシ鎖‥‥‥‥‥‥‥‥53
コマンドサーフェス‥‥‥‥‥‥13
コレステリック液晶‥‥‥‥39,69
コレステリックピッチ‥‥‥‥‥69
コンホメーション‥‥‥‥‥9,106

【サ行】

サーモトロピック液晶‥‥‥‥‥39
再配向‥‥‥‥‥‥‥‥‥‥‥‥20
三重項増感‥‥‥‥‥‥‥‥‥‥44
残留分極量‥‥‥‥‥‥‥‥‥126

ジアゾカップリング反応‥‥‥‥56
シアノビフェニル‥‥‥‥‥‥‥8
ジアリールエテン‥‥‥‥‥‥‥63
紫外光‥‥‥‥‥‥‥‥‥‥‥‥64
自己支持膜‥‥‥‥‥‥‥‥‥‥8
自己組織化‥‥‥‥‥‥‥‥‥‥53
自己組織化単分子膜‥‥‥‥‥‥6
視野角‥‥‥‥‥‥‥‥‥‥‥‥82
自由界面‥‥‥‥‥‥‥‥‥‥8,27
自由表面‥‥‥‥‥‥‥‥‥‥‥8
主鎖型液晶ポリマー‥‥‥‥‥117
主鎖配向‥‥‥‥‥‥‥‥‥‥108
真空蒸着‥‥‥‥‥‥‥‥‥‥‥1
人工筋肉‥‥‥‥‥‥‥‥‥‥‥76
シンジオタクチック‥‥‥‥‥‥87

水面‥‥‥‥‥‥‥‥‥‥‥‥‥3
スピンキャスト法‥‥‥‥‥‥‥9
スピンコート法‥‥‥‥‥‥‥‥9

スマネン‥‥‥‥‥‥‥‥‥‥119
スメクチック液晶‥‥‥‥‥‥117

正孔‥‥‥‥‥‥‥‥‥‥‥‥100
正常屈折率‥‥‥‥‥‥‥‥‥‥91
絶対不斉誘起‥‥‥‥‥‥‥‥‥47
ゼロ複屈折‥‥‥‥‥‥‥‥‥‥84

双極子モーメント‥‥‥‥‥‥124
側鎖型液晶高分子‥‥‥‥‥‥‥22
ソフトマテリアル‥‥‥‥‥63,77
ゾル－ゲル反応‥‥‥‥‥‥‥‥42

【タ行】

太陽電池‥‥‥‥‥‥‥‥‥‥104
単分子膜‥‥‥‥‥‥‥‥‥‥‥63

窒化ホウ素‥‥‥‥‥‥‥‥‥120
長鎖脂肪酸‥‥‥‥‥‥‥‥‥‥19
直線偏光‥‥‥‥‥‥‥‥‥‥‥20
直線偏光照射‥‥‥‥‥‥‥‥‥23

ディスクリネーション‥‥‥‥‥25
ディスコチック液晶‥‥‥‥‥‥39
電界効果トランジスタ‥‥‥‥‥98
電気伝導性‥‥‥‥‥‥‥‥‥‥96
電子‥‥‥‥‥‥‥‥‥‥‥‥100
電子交換機構‥‥‥‥‥‥‥‥‥45
電子伝導‥‥‥‥‥‥‥‥‥95,97
電場ベクトル‥‥‥‥‥‥‥‥‥20

等方相‥‥‥‥‥‥‥‥‥‥‥‥67
トポケミカル重合‥‥‥‥‥‥107
トリフェニレン‥‥‥‥‥‥‥‥58

【ナ行】

斜め照射‥‥‥‥‥‥‥‥‥‥‥23

熱活性遅延蛍光‥‥‥‥‥‥‥100

索引 133

熱伝導······111
ネマチック液晶······11

【ハ行】

配向複屈折······79
配向膜······25
排除体積効果······27
ハイブリッド材料······42
バクテリオファージ······121
バンド伝導······100

光あぶり出し······72
光異性化······14
光異性化反応······24
光架橋······69
光環化反応······24
光重合······58,69
光相転移······75
光弾性屈折率······80
光転位反応······24
光二量化反応······23
光の取り出し効率······101
光配向······11
光配向膜······25
光フレデリクス転移······55
光分解反応······24
光誘起表面レリーフ······57
微細加工······48
表面グラフト鎖······52
表面張力······71
表面光配向プロセス······24
表面偏析······35
表面レリーフ······66

ファンデルワールス力······101
フォトクロミック結晶······63
フォトクロミック分子······63

フォトマスク······28
フォトリソグラフィー······48
フォノン······99,111
複屈折······79
複屈折散乱型フィルム······89
物質移動······67
プラナー配向······12
フレデリクス転移······54
ブロック共重合体······27,48
分子機械······63
分子結晶······96

平均自由工程······113
平面ジグザグ構造······124
ヘラパタイト······90
ヘリックス構造······47
変形挙動······75
偏光······20
偏光板······18
偏光フィルム······79

放射光施設······49
棒状液晶分子······27
ホール······96
ホッピング······97
ホッピング伝導······100
ホメオトロピック配向······12
ホモジニアス配向······12
ポリアミド······40
ポリエチレン······113
ポリジアセチレン······106
ポリスチレン······49
ポリテトラフルオロエチレン······98
ポリビニルアルコール······85
ポリフッ化ビニリデン······123
ポリヨウ素イオン······87

134 索 引

【マ行】

摩擦転写法······104
マランゴニ効果······70

ミクロ相分離構造······48
水-液晶界面······19

メソゲン······117
メソ組織材料······41
メソポーラス材料······41

【ヤ行】

有機 EL······100
有機半導体······95
誘導自己組織化······49

ヨウ素······85

【ラ行】

ラビング······11
ラメラ······117
ラングミュアーシェッファー膜······4
ラングミュア単分子膜······19
ラングミュアーブロジェット膜······3, 4

量子ロッド······25
両親媒性化合物······3
リン光······100
リン脂質······15

累積膜······3

レシチン······15

【ワ行】

ワイゲルト効果······20

Memorandum

Memorandum

Memorandum

Memorandum

〔著者紹介〕

関　隆広（せき　たかひろ）
1983年　東京工業大学大学院理工学研究科
　　　　高分子工学専攻博士後期課程中途退学
1983年　東京工業大学工学部高分子工学科　助手
1986年　通産省工業技術院繊維高分子材料研究所　研究員，工学博士
1995年　東京工業大学資源化学研究所　助教授
2002年〜現在　名古屋大学大学院工学研究科　教授

専　門　光機能高分子材料，高分子超薄膜，液晶材料

化学の要点シリーズ　33　Essentials in Chemistry 33
分子配向制御
Controls of Molecular Orientation

2019年10月30日　初版1刷発行

著　者　関　隆広
編　集　日本化学会　Ⓒ2019
発行者　南條光章
発行所　共立出版株式会社
　　　　［URL］www.kyoritsu-pub.co.jp
　　　　〒112-0006 東京都文京区小日向4-6-19　電話 03-3947-2511（代表）
　　　　振替口座　00110-2-57035
印　刷　藤原印刷
製　本　協栄製本
　　　　　　　　　　　　　　　　　　　　　　　　printed in Japan

検印廃止
NDC　431.9
ISBN 978-4-320-04474-6

一般社団法人
自然科学書協会
会員

JCOPY ＜出版者著作権管理機構委託出版物＞
本書の無断複製は著作権法上での例外を除き禁じられています．複製される場合は，そのつど事前に，出版者著作権管理機構（ＴＥＬ：03-5244-5088，ＦＡＸ：03-5244-5089，e-mail：info@jcopy.or.jp）の許諾を得てください．

化学の要点シリーズ

日本化学会 編
全50巻刊行予定

❶ 酸化還元反応
佐藤一彦・北村雅人著 ……… 本体1700円

❷ メタセシス反応
森 美和子著 ……… 本体1500円

❸ グリーンケミストリー 社会と化学の良い関係のために
御園生 誠著 ……… 本体1700円

❹ レーザーと化学
中島信昭・八ッ橋知幸著 ……… 本体1500円

❺ 電子移動
伊藤 攻著 ……… 本体1500円

❻ 有機金属化学
垣内史敏著 ……… 本体1700円

❼ ナノ粒子
春田正毅著 ……… 本体1500円

❽ 有機系光記録材料の化学 色素化学と光ディスク
前田修一著 ……… 本体1500円

❾ 電 池
金村聖志著 ……… 本体1500円

❿ 有機機器分析 構造解析の達人を目指して
村田道雄著 ……… 本体1500円

⓫ 層状化合物
高木克彦・高木慎介著 ……… 本体1500円

⓬ 固体表面の濡れ性 超親水性から超撥水性まで
中島 章著 ……… 本体1700円

⓭ 化学にとっての遺伝子操作
永島賢治・嶋田敬三著 ……… 本体1700円

⓮ ダイヤモンド電極
栄長泰明著 ……… 本体1700円

⓯ 無機化合物の構造を決める X線回折の原理を理解する
井本英夫著 ……… 本体1900円

⓰ 金属界面の基礎と計測
魚崎浩平・近藤敏啓著 ……… 本体1900円

⓱ フラーレンの化学
赤阪 健・山田道夫・前田 優・永瀬 茂著
……… 本体1900円

⓲ 基礎から学ぶケミカルバイオロジー
上村大輔・袖岡幹子・阿部孝宏・闐闐孝介・
中村和彦・宮本憲二著 ……… 本体1700円

⓳ 液 晶 基礎から最新の科学とディスプレイテクノロジーまで
竹添秀男・宮地弘一著 ……… 本体1700円

⓴ 電子スピン共鳴分光法
大庭裕範・山内清語著 ……… 本体1900円

㉑ エネルギー変換型光触媒
久富隆史・久保田 純・堂免一成著 本体1700円

㉒ 固体触媒
内藤周弌著 ……… 本体1900円

㉓ 超分子化学
木原伸浩著 ……… 本体1900円

㉔ フッ素化合物の分解と環境化学
堀 久男著 ……… 本体1900円

㉕ 生化学の論理 物理化学の視点
八木達彦・遠藤斗志也・神田大輔著
……… 本体1900円

㉖ 天然有機分子の構築 全合成の魅力
中川昌子・有澤光弘著 ……… 本体1900円

㉗ アルケンの合成 どのように立体制御するか
安藤香織著 ……… 本体1900円

㉘ 半導体ナノシートの光機能
伊田進太郎著 ……… 本体1900円

㉙ プラズモンの化学
上野貢生・三澤弘明著 ……… 本体1900円

㉚ フォトクロミズム
阿部二朗・武藤克也・小林洋一著 本体2100円

㉛ X線分光 放射光の基礎から時間分解計測まで
福本恵紀・野澤俊介・足立伸一著 本体1900円

㉜ コスメティクスの化学
岡本暉公彦・前山 薫編著 ……… 本体1900円

㉝ 分子配向制御
関 隆広著 ……… 本体1900円

㉞ C–H結合活性化反応
イリエシュ ラウレアン・浅子壮美・吉田拓未著
……… 本体1900円

㉟ 生物の発光と化学発光
松本正勝著 ……… 2019年11月発売予定

【各巻：B6判・並製・94～260頁】
※税別価格（価格は変更される場合がございます）

https://www.kyoritsu-pub.co.jp
共立出版
 https://www.facebook.com/kyoritsu.pub